# 职场达人就是这样炼成的

## ——职场心态篇

宁国涛 著

西安电子科技大学出版社

# 内 容 简 介

　　本书作者在职场摸爬滚打十余年，从公司的最基层员工升职到公司人力资源部经理，再到公司的副总经理，亲身经历和耳闻目睹了职场上的许多人和事，有着诸多的职场感悟，于是写下了有着诸多职场真实原型的职场指导文章。本书作者写这部书的时候，非常重视"实用性"，目的就是让职场新人和职场"准新人"在职场中少走错路和弯路，希望他们快速成长为职场达人。

　　西方有句谚语：你的心态是你职场上的主人。因此，很大程度上，决定职场发展的是你的心态。只有拥有健康的心态才会获得灿烂的职场人生。

　　职场中，哪些心理影响职场发展，阻碍职场进步？每个人都希望自己在职场中有安全感，但是，安全感是如何炼成的呢？一些人心理自卑，其实很没有必要，本书会详细地告诉你"黑奶牛的牛奶也是白色的"，只要努力，每个人的成功都是一样的灿烂。"在家靠父母，出门靠朋友"，职场上很多人过分相信这句话，心理上对人脉依赖比较大，本书告诉你"广交人缘还要自身硬"。

　　一些身处人生困境的人依然保持着乐观和快乐，与这些坚强的人相比，职场中的人应该少些抱怨，多些乐观和坚强。性格决定命运，习惯会形成好性格，也就是说，好的职场习惯能培养出好的职场性格，好的职场性格又能给职场带来好的运气。

　　这些道理，没有人告诉你，但是，本书会明明白白地告诉你。

# 前　言

　　西方有句话"你的心态是你真正的主人！"也就是说，心态决定着你的种种职场态度和行动，因此，对于职场人来说，心态简直就成了你在职场上的主人。

　　进入职场，心态非常重要。以前学木匠手艺的时候，学徒的前三年一般是拉大锯，长期枯燥地拉大锯就是为了磨炼性子，性子磨炼好了，心态沉稳了，才正式学习手艺，可见心态是多么重要。好的心态包括稳重、乐观、宽容、坚强。这些优点集中起来就称之为心态强大，只有心态强大的人，才能面对职场上的种种曲折和挑战。

　　一些职场新人眼高手低，总觉得自己能力很强，可以担负重任，简单的工作不愿意干，重要的工作却又干不好，成为职场上的"闲人"，也就是多余的人。而单位里是一个萝卜一个坑，既然"多余"了，肯定在单位里混不了太久。

　　还有些人这山看着那山高，觉得现在的工作累、工资低、离家远等，于是就想换个离家近的，结果换了后，发现工作更累，当初答应好的工资因为自己业绩不好而频频下调，弄得还不如原来的工资高，这才明白现在的单位就是先给员工画大饼，当你工作优异的时候会给你许诺高工资，当你业绩不好的时候会给你下调工资或者换工种(换工种的目的其实还是降工资)，这个时候感觉自己"上当"了。公正地说，这也算不着上当，毕竟用人单位对你期望值很高，到了你展示真本事的时候，发现你只是个花拳绣腿，人家也很失望，就把当初答应你的薪酬千方百计地降下来。于是你一生气就又换了个单位，这次单位离家近，待遇也还行，但是，基本上是顶着月亮出门、戴着星星回家，"女人当男人使，男人当畜生使"的那种。你自己掰着手指算来算去，发现现在所谓的高工资其实就是靠加班费支撑的，如果去掉加班费，还没有前两家高呢，于是你又萌发了跳槽的想法……这就属于心态浮躁瞎折腾，不管你折腾到什么时候，都不会有工作清闲、离家又近、工资又高的工作等着你，因此，进入职场后要多想着锻炼自己，而不是想着计较得失。

　　心态要平和，不要今天和这个员工吵架，明天和那个员工干仗。如果犯了众怒，自己离卷铺盖也就不远了。

要乐观，要多微笑，谁也不愿意和一个"苦瓜脸"打过多的交道。

最后，衷心地感谢张颖异女士、魏蔚女士、赵水英女士、李雪莉女士、游本章前辈以及马宁敏先生，在本书写作过程中，他们给予我很大的帮助和支持，在此郑重鸣谢！

宁国涛

2014 年 11 月

# 目　　录

# 第一章

# 别让这些心理阻碍你的职场进步

## 第1节　影响职场晋升的坏习惯

### 只埋头工作不懂得合作

沈超是个内向的人，工作非常努力，总是早到晚走，但是，不太喜欢和人交流。他在公司研发部工作，整天一个人在工作台前研究。一个刚毕业没多久的大学生小王，思维比较活跃，人缘也比较好，经常与大家交流，和大家一起吃饭，遇到难题，就请教这个请教那个，非常谦虚好学。有时候，为了解决一个技术难题，大家居然不知不觉地以小王为核心，开展了集体技术公关。群策群力之下，他们对单位产品进行了好几项技术革新，给单位创造了很好的效益。而这几项技术革新沈超也在攻克中，并且离成功已经不远了，但是，他个人的力量还是不如大家的力量，大家总是走在他前面。后来因研发部经理提拔为公司主管产品研发和生产的副总，公司把小王提拔为研发部经理。

沈超是研发部资格最老技术也比较好的技术骨干，之所以没能得到公司的重用，就是因为他喜欢单打独斗，不懂得合作。他的优势没能够在团队中表现出来，自然没有得到公司的重用。

## 过分推销自己

陈敏是个非常自信的人，总觉得自己的能力超群。公司的会议上，当老总谈到单位的一个问题，陈敏就立刻滔滔不绝地谈论自己对这个问题的看法，然后申明如果自己去处理这个事情，会如何如何。常常弄得开会像是她和老总的"二人转"，别人都接不上话，大家也不愿意接，就克制着内心的反感和不耐烦听陈敏夸夸其谈。事实上，陈敏的思维比较敏捷，反应也很快，对老总提出的问题，陈敏一般都能积极地想出办法。只是时间比较短，有些办法难免不够完美，甚至还存在着种种的缺陷。而且她老是表明这件事情如果自己去做，会产生什么好的结果，这等于变相地彻底否决当初这项工作的领导人，弄得这个领导人心里很不舒服。

时间久了，大家耐不住了，在她的建议提出后，大家群起而攻击建议中的种种不足之处，优点没人说，弄得她像个孤家寡人一般。很多工作其实就是根据她的提议，然后大家七嘴八舌进行补充完善的。可是，大家故意埋没她的成绩，就是看不惯她过分推销自己，看不惯她指手画脚。老总也看出陈敏虽然有些能力，但是群众基础不好。于是，在后来的提拔升迁中，陈敏总是"原地踏步走"。

## 不懂得融合进企业文化

付娜是个比较有个性的女孩，进入公司后，对公司的一些不成文的制度比较反叛。这是个二十多人的小公司，老总提倡大家要和谐团结。员工过生日的时候，在饭店吃个饭，然后唱歌。老总个人负担开销的三分之一，其他的三分之二，除掉当天过生日的"寿星"免费外，其他的人按人数平均分担。这个不成文的规定，大家都很满意。老总觉得这是大家在一起沟通的好机会，很多个人摩擦就是在这样的聚会中而烟消云散的。员工觉得这样很有人情味，像个大家庭。另外，这样的聚会，还可以缓解大家的工作压力。虽然没有明文规定大家必须参加，根据个人自愿原则，但是多年

2

来大家都主动参加。

付娜来了后，破了这个规矩，想想每个人过生日，自己都要凑份子，她就比较生气。另外，她觉得工作就是工作，工作不是请客吃饭，所以拒绝参加。她的拒绝，老总没说什么，大家也没说什么，只是公司上下觉得付娜这人"怪怪的"、"挺不合群"的。尽管她的工作干得不错，但是，因为她不懂得融入公司的企业文化，很多工作能力不如她的人都得到了升迁，而她依然那样。

付娜保持了自己的"个性"，但是在公司里她却被打入了升迁的"冷宫"。

## 出尔反尔

赵光在一个销售公司上班，是售后服务部员工。公司为客户考虑，一个星期每天都有专人负责售后服务热线。

安排到星期六或星期天加班执勤的员工，难免到时候临时有事情，这个时候，是可以自由与同事调换，找人顶替自己值班的。

赵光有时候也答应替同事值班，电话里说得好好的，但是因为心情不好，或者是想睡懒觉不想像工作日那样早起，于是就给对方打电话，让对方重新找人顶替。几次过后，大家都知道赵光是个喜欢出尔反尔的人，以后再找人顶替自己，都不找赵光了。后来，老总也知道大家都不愿意找赵光替班的事情了。老总心想，答应下的事情时常变换，这样的人绝对不能重用，如果给他个重要职务，关键的时候，他撂挑子怎么办？

老总这么想了，那么，赵光在公司里的冷板凳就坐定了。七年下来，很多资历浅的同事都被提拔上去了，赵光依然还是个普通的职员。

## 对别人苛刻求全

高成所在公司的销售部，一共划为四个大区，高成是公司西北大区的经理。他对自己的下属要求特别严格，动不动就在会议上声色俱厉地批评自己的下属工作不努力，忙了几个月了，某某的项目还没有攻下来。其实，他批评的那个下属工作已经非常努力了，只是现在市场竞争非常激烈，有时候，"硬骨头"一时啃不下来，也是正常。尽管在四个大区中，西北大区的业绩是最好的，但是，下属依然得不到高成的肯定，他总觉得大家还是没有尽最大的努力。他经常挂在嘴边的一句话就是"人的潜力是非常巨大的，一定要努力发展下一个新客户"。

高成对别人要求非常高，惹得下属非常不满，终于有一天，一个下属奋起反抗了。在一次会议上公开说："你神气什么？你当销售员的时候，也不是几个月都拿不下项目吗？最后还是一个老销售员离职的时候，把手中的客户交给了你，你的业绩才上去的，你是摘别人的果子，没什么可神气的！"高成一下子脸涨得通红，哑口无言。

从此，高成的威信一下子落了下来，大家也不再听他的了。

后来公司的四个大区合并为一个销售部，经理和副经理都是从其他大区提拔的，高成的职务没有动，就是因为他的"苛刻求全"犯了众怒，连其他大区的人也对他很反感。

## 传播流言飞语

董莉娜在一家外企的财务部上班。她是从一家银行跳槽过来的，业务能力很强，在公司的资历也很深。整个部门七个人，除了财务主管，就数她的资格最老。

董莉娜喜欢传播单位的小道消息，什么公司里谁未婚先孕做人流了，谁向领导打小报告了，听说新来的员工是被以前的公司辞退的等。为了流言飞语，经常和一些同事闹别扭，有时候，还得老总亲自给他们调解做思想工作。

两年前，财务主管回老家创业去了，位子空了下来，大家以为会是董莉娜的，但没想到，老总提拔了一个平时默默无闻干工作的员工。领导考虑到这个员工资历和能力比较浅，于是又提拔了另一个员工做副总监，算是协助财务总监的工作，依然未提拔董莉娜。

4

董莉娜很是郁闷。其实，领导不提拔她是正常的，她这种喜欢传播流言蜚语的人，让她当领导肯定不合适，会泄露很多公司的商业机密。

## 第2节　老板最不待见的几类人

职场上，有几种人最不惹老板喜欢，这样的人，在职场上很难有大的发展，往往是在职场上把冷板凳坐穿，甚至是在职场上朝不保夕。

### 事不关己，高高挂起

李雯在广州一家生产精密仪器的公司财务部当出纳。夏天的一个周五下午，公司已经下班了。公司是五点半下班，夏季的广州，这个时间外面依然是酷暑难耐，李雯就在办公室里吹着空调打电脑游戏，她像往常一样想等到六点多钟外面天不热的时候再回家。

此时，老总带领公司市场部人员在紧急加班，因为客户要货要得急，市场部人员在加班包装货物准备以快递的方式寄出。

市场部就在财务部隔壁，他们加班，李雯不可能不知道，再说，中途李雯去公司卫生间的时候路过市场部，她还向屋里看了几眼。但是，从卫生间出来后，李雯依然回到财务部继续玩自己的电脑游戏。

已经下班了，李雯怎么还没有走？老总有些好奇，于是就到财务部去看看，发现李雯在玩电脑游戏，老总转身就离开了，但是，他在心里对李雯很是反感：市场部在紧急加班，就是在空调下，大家依然忙得满头大汗的，你李雯倒好，视大家的繁忙于不顾，不过来帮忙不说，居然还在那优哉游哉地玩电脑游戏！这样的员工对公司真是一点感情都没有！

**职场小贴士：**

职场中，因为部门的不同、分工的不同，公司很多紧急的重要工作是

5

和你无关，但是这些紧急的工作却和老总关系非常大。作为员工，在一些与自己无关的紧急工作面前采取"事不关己，高高挂起"的态度是错误的，老板会对你非常失望和生气。工作中遇到问题，虽不属你直接负责的范畴，但和老板相关，一定要尽自己最大能力处理好。

## 墨守成规，没有创新

许刚是家数码电子产品公司的仓库主管，工作中他只注意管理仓库的统计工作，如统计运进来多少产品，统计运出去多少产品，还剩下多少产品，其他的一概不管，他觉得这就是一个仓库主管的本分工作。

有一阶段，公司的一款数码相机积压得非常厉害，但是，另一种防震性能好的数码相机销售却很好，常常断货。

仓库里有个员工非常用心，根据仓库工作电脑中的数据，他列出了详细的统计表，上面记录着各种款式的数码产品"库存"以及"出库"的情况，建议公司生产基地调整产品结构，多生产在市场上畅销的产品。

这名员工找机会把这个详细的表格直接交给了老总，老总找相关部门的负责人研究后，大家一致认为这个表格很有价值，能给销售部以及公司生产基地提供很好的参考数据。

不久，老总就把这个员工提拔为仓库的主管，以前的主管被降职为仓库保管员。

### 职场小贴士：

没有自己的独特见解，只会执行上司命令，这种人老板不会喜欢。一定要有自己的思想，能给公司的发展提供好的建议，积极主动地帮老板想出好的方法，不断改进工作方式，从而提高工作效率、增大企业效益，这样的员工才能得到老总的喜爱和重用。

## 热衷八卦 议论老总

陈虹是家电器公司行政部职员。这家公司高总是销售员出身，十年前是家著名品牌电视厂家的销售员，长期驻在上海办事处，因为没有销售经验，也没有人脉，一直打不开工作局面。

高总经常在一家大型商场家电部经理办公室里坐，一坐半天，磨叨父母供养自己读书的艰难，磨叨自己职场上的不顺，像唐僧念紧箍咒一般。商场家电部经理是个女同志，时间长了，硬心肠被他磨叨软了，也被他磨叨烦了，于是网开一面，允许他把他们厂的电视机放到商场中销售。这家大型商场的信誉很好，高总获准把电视机放进商场销售后，一年的销售额就达到了三千多台，销售额将近一千万。因为长期在这家大商场销售，不久，这个品牌电视机就打出了名气，高总借势又把电视机打进了另外几家大商场，于是，高总的业绩翻着倍往上增……

陈虹有个老乡以前是高总的同事，陈虹从这个老乡那知道高总当初是以"赖着不走、磨叨使女经理心软"起家的。

知道这个轶事后，陈虹就在公司里和其他同事偷偷地私下聊。没有多久，老总知道自己的陈年旧事居然被陈虹八卦成了员工们"茶余饭后"的谈资，一气之下，抓住陈虹工作上的一个小失误，然后小题大做，把陈红开除了。

### 职场小贴士：

职场中最忌讳八卦别人，特别是八卦老板。一些人自以为老板不会知道背后的议论，但世界上没有不透风的墙，谣言传到老板的耳朵里后，你的职场前途就会岌岌可危。

## 公私不分 爱占便宜

高飞是家公司策划部的员工，已经在这家公司工作了六年，算是老员工了。策划部经常参加一些展会、新产品发布会等，为了用车方便，公司专门给策划部调派了一辆轿车供策划部长期使用。

一天，策划部主管向总经理办公室申请调派一辆车，因为周六上午，策划部要参加一个展会，展板以及宣传资料正好可以放在轿车后备箱里。总经理办公室主任给策划部派了一辆车，当时，老总正在办公室主任身边，老总感觉很奇怪："他们策划部不是有辆车吗？为什么还需要另外调派？"主任叹气道："那辆车，高飞星期六上午要用，去火车站接他老丈人，他老丈人要过来住一段时间。他提出这个要求，又是老员工了，他们的部门主管也就不好意思拒绝。"老总不再说什么，但是，他心里有些反感。大街上的出租车那么多，到时候拦一辆就是，为什么非得把公司的车开出去私用？真是爱占公司的便宜！

近几年，随着双卡手机的普及，为了便于管理手机费的报销，公司给每个员工发了一个手机号，公事用公家的号打，私事就用私人的号打。每个月给员工全额报销"公事"手机费，但是，员工要上交当月的手机费清单。

其实，上交手机费清单只是个形式，公司并没有认真查看核对过员工的电话。发现高飞公车私用后，老总就到财务处要到了高飞最近几个月的"公事"手机费清单，经过核查，发现有一半的通话费是花在给高飞老家打电话以及打给妻子的电话(公司有员工老家电话以及配偶的手机号，以方便员工出现意外的时候紧急联系)。打给老家以及妻子的电话，肯定属于私人电话，这样的电话为什么不用自己的私人手机号打？为什么要单位报销？

近期，老总还在琢磨着高飞是老员工了，工作上也做过一定的贡献，准备提拔重用他。当发现高飞公私不分喜欢占公司的便宜后，老总打消了重用他的计划。

### 职场小贴士：

职场中，一些员工，特别是老员工，不注意严格要求自己，因为在公司久了，就不把自己当成外人，于是公私不分，处处占公司的便宜。对于这种爱占便宜的员工，老总为了防止对方"贪得无厌"占更大的便宜，通常不会提拔重用。

## 第3节　别让这些心理阻碍你的职场进步

### 只做与工资对称的工作

刘捷不仅普通话讲得很好，而且很难得的是她的音质也很好。听说她以前在大学里当过校广播站的播音员，老总大喜："你来咱公司半年，我才发现你原来如此多才！很好。这样吧，以后咱们公司给客户拍摄的视频广告的解说词，你负责给配音吧。"

刘捷在这家广告公司行政部做文员，每月拿着不多的薪水。公司给客户制作的视频广告一般也就两分钟左右，那些解说词，刘捷相信自己熟读几遍后，就可以一次性通过录音。但是，刘捷见老总没有提涨工资的事情，于是婉言拒绝了："我做的是行政工作，配音的事情，我恐怕做不好，老板，您还是另外想想办法吧。"

公司以前请当地电视台的一位播音员配音，对方不但要价较高，而且还会因为突发的播音任务或者临时开会，不能够及时赶到公司配音，这让老板很是苦恼。

公司自己建立有专门的录音间，见刘捷音质这么好，老板就有了培养自己内部配音员的念头。

被刘捷拒绝后，老总虽然心里不快，但是，表面上没有表现出来，他留意从公司内部找适合配音的人选，很快，他发现公司的前台普通话很好，音质也很不错。当初招聘前台的时候，考虑到接待来访者，于是对普通话以及音质要求比较高，没有想到，居然成就了意外之喜。于是，老总就让前台帮助配音，前台兴高采烈地答应了，刘捷心里暗暗鄙夷：真是傻帽！又不多给工资，为什么要干分外的活？

9

前台对这不挣钱的兼职配音居然非常上心，上班空闲时间就跟着电脑学习央视播音员的字词发音，刘捷暗暗嘲笑"这小丫头挺幼稚的！"

对于配音后的广告片，老总一本正经地和客户说是请的电视台专业播音员配的音，客户居然没有异议，也就是说，客户根本没有听出这就是公司的那个小前台配的音，老总心里暗暗得意。

两个月后，公司给前台涨了工资，而且是以前工资的两倍。刘捷知道后，后悔得心里发疼。

前台不但兼职配音，而且公司制作部下班后如果在加班，她还主动过去帮忙，学习广告片的剪辑。当然，这种帮忙性质的学习是不另外加工资的，但是，前台依然帮忙得很认真。很快，前台就会熟练地进行广告制作了。又过了一年，她被调到公司制作部，担任制作部的副主管，工资又涨了一次，她现在的工资是刘捷工资的三倍。

10 **职场小贴士：**

职场中，要尽量为自己赢得"多干活"的机会。一个多干活的员工，不但能在职场上磨炼自己，而且还能在职场上更好地发展自己，使得自己在职场上的道路更为宽广。如果目光短浅，在心里计较目前的得失而只愿意消极地"守"住与工资相对称的工作，那么，老板按功劳付费，你以后很难涨工资。

## 我已经很辛苦，明天再做吧

王芸的老板很重视公司的企业文化，于是，就成立了他们服装公司的这份企业报。这份企业报由王芸和李薇负责，直接上司就是公司老总，可见老总对待这份报纸的重视。

王芸和李薇负责采访、拍照、写稿、编辑公司员工的稿子、校对以及跑印刷厂。这份十六个版面的报纸，王芸和李薇每人负责八个版面。由于工作量比较大，有时候，准备下班后加班的王芸想了想，觉得自己已经辛苦一天了，没有必要加班，于是安慰自己："我已经很辛苦了，这些工作放到明天再干吧。"然后就"心安理得"地回家了，留下李薇一个人在那加班。

由于王芸不能够及时处理完当天的工作，于是到月末的时候，报纸总是不能够及时出版，往往李薇负责的八个版面都已经完成定稿、校对和排版了，王芸这边的稿子还没有整理好。老总批评过几次，王芸都以工作量大为自己辩解。

公司计划以后上市，为了增大公司的规模，公司先后收购了几家服装企业。报纸也从每月出一期变成了每星期出一期，公司另外招聘了四位新员工作为报社工作人员。老总工作太忙，没有时间和精力直接领导这份企业报，于是，就提拔李薇当主编，提拔一个刚进报社没多久的大学生当编辑部主任。李薇当主编，已经让王芸很郁闷了，编辑部主任居然还让一个新人当，这不是拿自己这个资深员工不重视吗？王芸找到老总抗议，觉得老总这么做是不公平的。老总说道："交代给你的工作，你总是不能按时完成，如果让你当领导，肯定会延误报纸的出版，所以，你只能当一个普通的编辑。如果你的工作再拖拉，我得考虑把你从报社调出来。"

听了老总的话后，王芸为自己以前耽搁了机会而后悔不已。

### 职场小贴士：

职场中，重要的工作以及老板及时要结果的工作加班加点也要完成。如果每天都把当天必须完成的工作拖拉到第二天，耽搁的不光是工作，耽搁的还有自己的升职机会。

## 那是领导想做的事

一天，公司出纳周莉兴致勃勃地对肖洋说道："我觉得咱们公司生产的化妆品挺有市场的，咱们以前总是让各地的代理商负责销售，一些代理商还老是拖欠货款！其实，咱们完全可以在一些大型商场设立直营专柜，这样，不但能给咱们的产品更好地宣传，而且因为直接销售，利润还相当地可观。我觉得你可以写个建议书给老总，你本身就是市场部的嘛，应该多想想怎么开拓市场！"肖洋淡淡地说："咱们都是小职员，操那份心干吗？那应该是领导想做的事！"周莉叹气说："你这人咋这么消极啊，领导没有想到的事情，我们可以积极去想啊。"

肖洋敷衍地笑笑，以示自己对"领导才考虑的事情"不感兴趣。

周莉认真执著，她把自己的想法写成策划书，直接递给了老总，老总看后大喜。

仅仅一个月，公司就在本市的一家大型商场设立了自己的系列化妆品专柜。

因为质量好价格公道，公司生产的化妆品直营效果非常好。很快，公司设立了直营公司，专门负责在一些大城市的大型商场以及大型超市设立专柜，这个直营公司的经理就是周莉。

周莉从公司一个小出纳变成了直营公司的经理，这让肖洋很是羡慕。

**职场小贴士：**

个人的时间和精力总是有限的，老板也是如此。职场中，多帮助老板出谋划策、多给老板提供"金点子"才是老板眼中"最可信的人"，老板自然会善待这样的热心"军师"，往往会提拔重用这些能够主动关心企业发展的员工。一个对企业没有感情，一个不愿意为领导分忧的员工，注定在职场上难以被提拔。

## 第4节　职场上，该如何汇报工作

职场中，有很多人只知道闷头工作，却不知道如何汇报工作，这在与领导的沟通中明显是块"短板"，而这"短板"明显能影响到上班族的职场前程。

## 站在老板的角度上想问题

周伟是家电器公司的市场部员工。有一次，公司需要为新产品做一些推广和宣传活动。大家一起忙着工作，很是辛苦。老板对这次宣传活动非常重视，亲自到市场部看工作准备得怎么样。结果市场部经理苦着脸抱怨："老板，咱们这时间太短了，大伙没有信心做好啊！"其他员工纷纷附和着部门经理的话，有人补充汇报："与咱们公司长期合作的那家印刷公司近期特别忙，咱们还得排队，光印刷海报方面，就得排三天的队，没有办法，这家印刷厂太邪门了，以前从来没有这么忙过，近期居然接了好几个大活，都在那排队呢！"接下来，市场部的很多员工纷纷发言。大家的汇报口径都是强调困难，只有周伟一直在那沉默没有吭声。老板见他没有叫苦，就让他汇报下他的想法。周伟说道："咱们这个新产品已经研发三年了，研发部的人员做出了很大的努力，研发成功后，咱们的生产基地又及时保质地生产出样机，研发部还带着样机去有关部门做了质量认证，现在质量认证早就下来了，生产基地也生产出了很多新产品，仓库里堆放着很多，大家都等着宣传活动能够带来很好的眼球效应，让各地的经销商都能积极地推广和销售咱们的新产品。可以说万事俱备只欠咱们市场部的东风了，咱们部门应该多想办法排除困难把这次活动搞好。合作好几年的印刷厂不是近期特别忙吗？咱们可以直接和他们谈，既然多年的合作关系了，现在咱们的时间短，他们可不可以优先给咱们印刷？如果谈不拢，咱们坚决不能排队，咱们去其他印刷厂印刷去，哪怕价格高些也划算，咱们为这新产品付出那么多的成本，印刷商赶时间多花点钱算什么呢？至于其他的困难，我们也是可以克服的。总之，应以公司大局为重，一定要把这个活动搞好才行啊！"老总听了频频点头，觉得这个员工真不错，考虑问题是站在公司的大局上考虑，而不是站在个人或者小团体的角度考虑。没过多久，周伟就被提拔为市场部的副经理。

13

**职场小贴士：**

向领导汇报工作的时候，领导是站在全局的高度上期待你这边的工作不要影响到全局，这个时候，汇报工作就应该与领导的大方向"一致"，应该多解决问题而少强调困难。这样的汇报工作，领导才会喜欢。

## 找准汇报工作的时间

司琦是家科技公司的人力资源部的部门经理，对于汇报工作，开始的时候她有些发憷，因为老板脾气比较大，前去汇报工作的时候多数都会挨批评，而且批评人的理由也不可理喻。当你按照公司的规定"储备人才"的时候，老板会训斥："没有那么多项目，招这么多人干什么？难道不需要发工资？这不是浪费公司的资金吗？"如果不"储备人才"，一些项目投标成功后临时招聘，短时间内常常招聘不到合适的技术人员，老板又会发火："为什么不注意人力资源的储备？如果不储备人才，那公司还要你们这个部门干什么？"反正左右都是老板有理。司琦汇报工作很是头疼。

后来，司琦琢磨后悟出：怎么汇报工作老板都不满意，都"刁难"人，并不是说老板是个不讲理的人，而是因为他们公司的老板本来脾气就急躁，再加上一些客户的欠款迟迟不打来等烦心的事情，老板更是郁闷，于是就想发脾气，如果这个时候汇报工作，那就是撞枪口上了。

发现老板发脾气的规律后，司琦就找老板高兴的时候汇报工作。例如老板开会时眉飞色舞地讲话，那说明老板心情好，于是会后及时去汇报工作。又如公司要回一笔非常可观的营业款或者中了一个比较大的标后，老板心情都会比较好，这个时候汇报工作，老板都会情绪很好地听，并且一般都能顺利地批准这个工作报告。

还有，经过周末的休息，老板精力饱满，情绪不错，如果周一或者周二去汇报工作，效果会比较好。如果赶到周三至周五，因为老板经过几天

14

高负荷的工作后，精神有些疲惫，情绪不好，往往喜欢训斥人。

得出老板的情绪规律后，司琦找准时机汇报工作的时候，就很少受到批评了。

### 职场小贴士：

领导不是超人，他承受着比员工更多倍的压力，更多的烦恼，因此很多时候情绪不好。汇报工作的时候，要尽量避开老板情绪不好的时候，应该选择老板心情愉悦的时候。

## 至少准备两个方案

看完苏琳新产品推广策划书，老板不满意，他摇着头说道："咱们是制衣公司，推广的这几款最新款式的服装，面对的客户群是年轻的女性和男性，更准确地说，是写字楼里的那些年轻的上班族。你这策划书里又是广场舞大赛，又是邀请大牌评委，又是联系电视台、报社、网站作宣传和采访什么的，看着动静很大，但是效果肯定不会好。跳广场舞的主要群体是退休的大妈，当然了，还有少量的退休大爷。这样的群体，怎么适合我们的这几款产品呢？"苏琳不服气地说道："虽然这些大妈大爷自己不穿，但是他们可以买给他们上班的儿女穿啊！"老总叹息道："你自己也是年轻人，你怎么说这样不负责的话？你调查如今年轻人买衣服的习惯了吗？如今很多上班族都是远离父母在大城市里工作，衣服都是自己买，即使没有离开家乡在本地工作的，有几个年轻人愿意让父母买衣服？主要是代沟，对衣服的款式、做工、布料、颜色等，年轻人与老人的观点还是有很多差异的。父母买的衣服儿女一般不会满意。"苏琳听老总说得很有道理，不吭声了。接着，老总问道："你还有其他的方案吗？拿给我看看。"苏琳不好意思地说道："没有了，就这一个方案！"老总生气了："忙乎半个月就忙乎这个方案？你就这么自信这个方案能通过？你为什么不打开思路多想几个方

15

案？如果那样，我还可以帮你选择，现在倒好，一枪毙掉后一无所有了。你这简直就是敷衍工作嘛！"听老总这么说，苏琳真是羞愧万分。

### 职场小贴士：

向领导汇报工作的时候，至少要准备两个方案，以方便第一个方案被否决后可以补充上去。即使第一个方案被老总批准了，你依然可以把备用方案给老总看，让他看看是不是备用的有更可取之处。也许备用的方案能带给老总惊喜呢。因此，汇报工作的时候，至少要准备两套方案，这样，既能显得你工作上的勤奋和认真负责，又可以证明自己"不是敷衍工作"。

## 汇报工作千万别变成"请教"

赵芮以前对汇报工作有个误区，就是觉得向领导汇报工作时候要谦虚，要抱着"请教"的态度进行。赵芮作为广告公司的文案，老总要求她写好文案后直接向他汇报，这样可以减少中间环节，提高工作效率。因此，赵芮是直接向老总汇报工作的。

为了显得对老总尊重，也为了让自己写的文案"少走弯路"，更符合老总的口味，于是每次写文案之前或者过程中，赵芮总是提前向老总"汇报"：老板，我现在在做某某公司某某产品的文案，对这个文案，您有什么具体的指示吗？如果有指示，我记下来，然后做文案的时候我重点考虑您的指示。

开始的时候，老总还真给赵芮即将写或者正在写的文案提出具体的思路和要求。但是，几次后，老总就生气了："你看我每天这么忙，我还得绞尽脑汁地帮你想文案的具体内容，如果这样，我干脆自己写得了，还省了你这份工资！"老板的批评让赵芮很尴尬，她灰溜溜地走出老板的办公室，回到自己的办公桌前写文案去了。

**职场小贴士：**

老板花钱聘请你过来工作，是为了付工资让你帮他想问题和解决问题的，而不是请你过来让他帮你想问题和解决问题的。这个思路理顺后，作为员工就应该明白汇报工作的重点，应是向老板汇报解决问题的办法而不是请老板帮你想问题。

## 第5节 远离消极的心理暗示

我大舅家的儿子也就是我的大表弟，今年硕士研究生毕业。今年年初的时候，他找了份在北京海淀区中关村某公司的工作。当初为了节省成本，他在郊区合租了房子，两室一厅，他住的是大卧室，另外一个小卧室住的是夫妻俩。大表弟算是运气好，这对夫妻是他的老乡，而且两口子还非常热心。大表弟晚上下班比较晚，这对夫妻就在住处附近的一家公司上班，因为路上耽搁的时间少，于是每次都比大表弟提前一个小时左右到家，这对夫妻做晚饭的时候，特意把大表弟的饭也做上，大表弟回来后也能和人家两口子一起吃饭，很方便。后来，在我的提议下，大表弟每月给这夫妻俩八百元钱，算是上班日晚上以及双休日搭伙吃饭的钱，这对夫妻很高兴，大表弟也很高兴，大家相处得很好，大表弟吃饭也很方便。

但是，好景不长，大表弟觉得自己离上班的地方太远了，每天又是公交又是地铁的，单程就需要一个半小时，并且地铁里还很拥挤，弄得他上下班的时候几乎没有坐过，基本上都是站着的。我就劝说道："在北京，上班族不都是这样的吗？别说你一个大老爷们，一些看着弱不禁风的女孩子不也是这样上班的吗？你怎么就不能吃点苦呢？"我的劝说不起任何作用，大表弟已经给舅舅和舅妈打电话叫苦了。舅舅和舅妈一听就急了，当即给我打手机，舅妈说："你弟弟还是个孩子，每天光坐车一个多小时太辛苦了，你帮助在中关村附近找个房子吧，就是离单位近的，步行不超过十分钟的！贵点没有关系，我马上就和你舅舅去银行，准备给你弟弟卡上打两万元，租房子用……"挂了电话后，看着已经二十六岁愁眉不展的大表弟，我心里感慨万千：二十六岁的大男人了，已经成年八年了，怎么就这么娇贵呢？舅舅、舅妈都是普通的上班族，在我们当地的小城市上班，两人月薪加一起也就是六千多元，去掉生活费、去掉人情来往、去掉我大表弟读本科和研究生时的花销等，他们老两口一年最多能积攒一万元，这一下子就拿出两万元，相当于两年的积蓄给自己的儿子租房用，真够大气的！

我帮着去中关村附近看房子，好地段租金自然高，一个小卧室，中介要两千，我磨了半天的嘴皮子，最后谈定是一千八。地段很好，表弟步行上班，也就是十分钟左右，可以彻底免除他坐车之苦。

没有想到，仅仅过了一天，晚上，表弟就给我打电话叫苦了：房间没有装修，没有电视，还没有空调。我劝说道："租房子又不是自己的房子，装修不装修的有什么关系？现在电脑上什么电视、电影不可以看？没有电视机不影响生活啊。没有空调，你可以去商场买个空调扇，如果觉得一个空调扇不凉快，你买两个不就行了？"这样反复劝说不行，于是我就在视频中劝说，不打开视频还好，一打开视频我简直要崩溃：大表弟居然在视频里咧着大嘴哭了！他好歹是自己租个十多平方米的卧室，还有自己单独的空间，并且离上班的地方还挺近。当初我刚工作的时候，就租了个床位，一间学校寝室那么大的房间，放了四张双层床住了八个人，我每天上班单程就两个小时，不也熬过来了吗？如今不也自己买了房子了吗？困难是暂时的，哪能一步到位呢？怎么能遇到一点小困难就咧着大嘴哭呢？

我二舅家的儿子也就是我小表弟也在北京上班，他在一家建筑工地开挖土机，工作环境脏，噪音大，冬冷夏热，住的是工棚。小表弟用的是二手的小米手机，可以视频。视频中，我看到小表弟同屋的工友们多数在打扑克，小表弟和另外一位工友在看电视，电视机明显有毛病，因为视频中，我看到小表弟的那位工友不时地走过去拍打电视机。

我问小表弟干什么呢？小表弟说在唱卡拉 OK，就是跟着电视的文艺节目在唱歌，边说边把手机当话筒唱了一首张学友的《我想和你一起去吹吹风》，边唱还边学张学友唱这首歌时深情款款的样子，我简直都要笑崩溃了。唱完后，小表弟开心地哈哈大笑。

小表弟比大表弟小两岁，今年二十四岁，已经结婚并且有个一岁的孩子，表弟媳在老家带孩子，小表弟一人出来打工养老婆孩子。二舅与二舅妈都是农民，他们觉得儿子出去打工挣钱养他的那个小家很正常。

大表弟的事情并不是个案，很多大学毕业生甚至硕士研究生工作后，根本不能吃苦，父母心疼早已经成年的子女，把他们当成"孩子"看，这些子女自己也把自己当成孩子看。时间长了，就有了消极的心理暗示了，觉得自己真的是孩子，吃一点点苦或受一点点委屈的时候，就伤心落泪，甚至还有走向极端的例子。

这些已经二十二岁(正常的大学生毕业时的年龄)甚至更年长的职场人，要时刻提醒自己，自己早已经成年了，已经是成人了，不要再用"孩子"的标准要求自己了，不要吃一点点苦就掉眼泪。那样的话，对自己职场成长危害是巨大的，因为没有老板会重用心态幼稚的员工。

19

## 第6节　如何提高职场幸福指数

### 协作之前做好沟通

我在一家公司做销售的时候，为了参加第二天的一个投标，我让销售助理紧急赶制标书。标书做好后，我仔细翻看，一下子傻眼了：我们公司系列产品的报价全部比我预定的价格要高。我指出后，销售助理振振有词地说："前几天我给你做的一个标书，不都是这样报价的吗？"我解释说："前几天那是个几万的小标，价格就得高些，要不然，除掉物流等费用，公司根本就不挣钱。但是，这次是几百万的大标，竞标的公司很多，如果咱们不把报价压下来，我们有什么胜算？"销售助理不满地说："你提前告诉我调低几个点就行了,害得我还得重新修改这些产品的报价……"我们公司的系列产品有几百种,那天,我加班很久,才和销售助理一起把报价重新调整好。这个时候,我感觉自己简直是身心疲惫,懒得说一句话。

**职场小贴士:**

人在职场,很多工作需要别人协助你完成。每个人对这项工作的看法以及领悟力不同,因此,做出的工作结果可能和你预想的差别非常大,弄得还得返工,费时费力又窝火!所以,工作协作之前一定要进行有效的沟通,这样可以大大避免吃"二茬苦"!

## 把钟表拨快一刻钟

20

我刚工作的时候,因为上班的时候遇到塞车,或者乘坐的公交车非常不走运地连续遇到好几个红灯,耽搁了一些时间,或者早晨乘坐地铁的时候,因为排队的人太多而没有挤上去,只能花费好几分钟去等下一辆,到了公司所在的写字楼的时候,也许电梯又刚刚升上去……常常因为各种原因而迟到三五分钟,或者迟到十分钟八分钟。不要小看迟到的这点时间,这不仅要扣工资甚至会取消当月的全勤奖,而且考勤结果也会影响老板对你的看法,任何一个老板都不会喜欢一个经常迟到的员工。

上班的时候,一边为迟到扣钱心疼,一边为老板扣"印象分"而焦虑,心情自然不好。

**职场小贴士:**

职场上很多人喜欢"踩"着钟点去上班,但是计划赶不上变化,上班路上,会有很多影响你准时到达单位的因素。因此,最好把手表或者手机时间向前调快一刻钟(15 分钟)，这样，你每天提前一刻钟出发，就可以避免迟到或者大大减少你的迟到次数，还可以避免或者减轻为此给你带来的坏情绪。

## 桌面干净、办公用品等放置有序

我的办公桌曾经比较凌乱，快递外包装、圆珠笔等，看着让人心里确实不舒服，而且不光办公桌面凌乱，我的抽屉也是乱糟糟的，重要文件、记事本、通讯录等放得很乱。

工作期间，即使不抬头，眼角的余光就会把凌乱的桌面尽收眼底，把心情影响得也非常"凌乱"。有时候需要给客户快递一份合同，于是，我叫住前来送快递的小伙子，让他马上给我带走快递。但是，通讯录放哪了？我几个抽屉一阵乱翻，才找出我的通讯录。快递行业是最讲究时间观念的，快递小伙子等得一脸不耐烦，我为耽搁人家的时间而内心愧疚，和人家说话的时候，我都是灰溜溜的。

**职场小贴士：**

人在一个凌乱的环境中工作，眼睛看到的都是"障碍物"，心情会受到很大的干扰，工作效率会大大降低。另外，东西放置无序，不仅会在"胡乱翻找"中浪费工作时间，而且还会让工作时候的心情变坏。

## 2 分钟内结束私人电话

永远有很多人不考虑你是不是在上班时间，反正有事就打电话。例如上班的时候，就会接到朋友请我某日参加他的结婚典礼。以前的时候，我就会和对方聊参加结婚典礼的都有谁，这些人有的我好久没有联系了，他

21

们如今都在做什么工作,然后对方就会和我讲这些人近期发生的一些趣事,就这么聊着,有时候一个电话居然能聊半个多小时。如果一天能接四个因各种原因打来的私人电话,当天两个多小时的上班时间就会在聊天中白白浪费掉了。

## 职场小贴士:

上班时,如果不能有效地控制接听私人电话的时间,就会大大占用你的工作时间,在时间已经不充裕的情况下完成你的工作,你就会感觉力不从心,心里就会有厌倦感。另外,因为工作质量得不到保证,你的工作结果就会受到上司的严厉批评甚至处罚,这个时候,你的心情会更加糟糕。

# 第二章

# 职场安全感就是这样炼成的

## 第1节 职场上的"升"和"生"

升职和生孩子，这是职场中每个年轻已婚女性必须面对的问题，如何在职场中抓住机会"升职"？如何在职场中找到合适的时间"生孩子"？建议如下：

### 升职，积攒下生孩子后的职场资本

巩兰是家外企大公司的前台。前台的工作内容比较简单，因此，一般薪水也不高。职场中，公司的前台一般是大学刚毕业不久的小女生。

自从结婚后，巩兰一下子就感觉到自己岗位的尴尬了：一个已婚女员工还担任前台，多少有些不思进取，以后还会生孩子，如果不改变职场处境，难道以后还要当"妈妈级"的前台？

反复考虑后，巩兰决定转岗。

巩兰与公司人力资源部经理私交比较深，于是，当人力资源部准备招聘一个人事助理的时候，巩兰顺利转岗到了这个职位。

干了一年的人事助理后，巩兰开始在网上四处投简历。一家刚成立的小公司招聘人力资源部经理，很快，外企大公司的人事助理巩兰就跳槽到这家民营小公司担任了人力资源部经理。虽然是家小公司，但因为是部门经理，巩兰的工资还是比以前高了一倍。

担任人力资源部经理一年后，巩兰看到行政助理和人事助理这两个下属都能够在工作上独当一面了，于是，她开始把怀孕生子提上了日程。

### 职场小贴士：

怀孕、生孩子以及哺乳期一年，加一起就是两年的时间。这两年的时间，因为生育分心很多，因此在本单位不会得到重用。由于这两年精力分散，职场成绩肯定平平，以后重用的可能性也不是很大，如果跳槽到一个新单位，大龄的普通"职场妈妈"在职场上的发展机会也是比较小的；然而也有很多老总认为年轻的部门经理当了"妈妈"后，在工作上以及为人方面会更加的成熟和稳重。因此，部门经理级别的"职场妈妈"职场发展机会就比较大，所以女员工在职场中要有长远眼光，最好在生育孩子前在职场中向上跳一个台阶。

24

## 唾手可得的升职之前更要做好职场"计划生育"

公司行政部主管的老公已经去深圳半年多了，主管是想等他老公在那发展好后，她再带着孩子去深圳和老公团聚，这已经是公司内公开的秘密了。看着主管每天眉开眼笑的样子，大家就知道主管的老公在深圳发展得很好，也就是说，主管辞职去深圳的日子已经不会太久了。

这个关键时候，部门已婚员工辛敏居然不再像以前那样坚持避孕，竟然怀孕了。怀孕后，辛敏上班穿上了防辐射服，于是很快整个公司的人都知道辛敏怀孕了。

辛敏的防辐射服刚刚穿半个月，主管就辞职了。部门员工中，辛敏是最有资历担任这个行政部主管的。可是因为她怀孕，不能够肩负重任，于是，老总任命了另外一个员工担任主管。

主管人事的副总感觉很可惜，他悄悄对辛敏说："两个月前，老总和我已经私下敲定以后让你担任这个主管，节骨眼上你偏偏怀孕了，遗憾啊！"

### 职场小贴士：

职场中，更要注意"计划生育"。如果一个升职机会离你并不远，那么，缓缓再要孩子又何妨？虽然要孩子很重要，但是，赢得职场机会以后会给孩子更好的受教育机会等物质条件才更重要。

## 找个有"人性"的单位生孩子

宋歌工作的这家民营企业，虽然福利待遇很好，但老板对员工的要求也比较高，尤其要求员工重视工作效率。他常常强调说："如今商场上不是大鱼吃小鱼了，而是快鱼吃慢鱼，如果动作慢了，就会被快鱼吃掉市场，动作慢的就吃不饱甚至是饿死！因此，希望大家都能够轻装快速前进。"在他的理论指引下，他觉得已婚的女人面临着怀孕、生子、哺乳期，这些会严重影响了工作效率。有次，老板不经意地感叹："女人生孩子后就会傻三年！为什么呢？因为女人生完孩子后三年内，心思几乎都在孩子身上，对待工作简直是不放在心上，交代什么事情都会忘得干干净净，严重影响工作！"老板越是说得不经意，越是显示出老板内心非常在乎女员工结婚不结婚。因为结婚后，生孩子也许很快就会提上日程，在老板眼里，那会严重地影响工作。因此，宋歌的老板总会千方百计地"逼走"已婚未育的女员工。

虽然有《劳动法》保护，但是老板总会想办法逼迫员工自己辞职。鸡蛋里挑骨头，三天两头在员工晨会上批评女员工工作上的"失误"，弄得当事人每天的心情都不好。刚想忘记这次批评，下次的批评紧接着就会来。如果员工还不知趣地主动辞职，老板就会调换岗位，换到工资非常微薄的工种，与其心情郁闷地干这份工资很少的工作，还不如辞职走人。老板的这两招基本上就能让已婚未育的女员工"主动辞职"了，作为这个公司的老员工，宋歌已经见惯了老板的这个把戏。

宋歌明白自己迟早要生孩子的，与其到时候被这个冷漠的老板解雇，还不如自己提前找个有人性的公司。

很快，宋歌跳槽到一家外企。宋歌已经调查过了，这家外企在 2008 年经济危机的时候，虽然解雇了一些员工，但是，怀孕的女员工以及孩子处于哺乳期的女员工没有减裁一人。如今公司早就走出了经济危机，自然更会善待怀孕的女职工。

### 职场小贴士：

一些公司视怀孕女员工为"拖后腿"人员，因而千方百计予以辞退，因此职场上的已婚女员工要尽早离开"没人性"的公司，找一家能保障女员工生育福利的公司上班。这样的公司，不但能让你在怀孕期间心情愉快，而且还能保证生育期间的工资等福利保障。

## 职场低谷期不妨去生孩子

去年年初，市场部员工夏雪非常沮丧，因为赏识她的部门经理去总部下属的一家分公司担任经理去了。新来的部门经理是老总从同行业的一家大公司挖来的，她来的时候，还带来了几名以前的下属。新经理把自己的旧部当做骨干使用，而像夏雪这样的优秀员工则被晾在了一边，即使有工作要做，也是给新经理的"小团队"打打杂。

开始的时候，夏雪感觉很苦闷，觉得自己职场前途一片灰暗，后来她仔细想想，觉得自己何必想不开？工资一分钱不少，就是少了些出风头的机会而已，那又怎么样？如今部门已经分成了新经理的一派和老员工的一派，平时就这么内耗，夏雪坚信以后老总会调整这个部门的，只是老总目前没有看到这个部门的危机而已。夏雪决定将自己置身事外，不和新经理斗气，她准备利用这段职场低谷期生个孩子。

生完孩子回到公司，夏雪发现"新经理"已经被公司解雇了，老总提拔了市场部的一名老员工担任部门经理，夏雪回来后，老总把夏雪提拔为副经理，协助部门经理工作。

夏雪内心很是高兴，觉得自己在职场低谷的时候生孩子真是正确，没有浪费时间和精力，毕竟孩子早晚都要生的。

### 职场小贴士：

月有阴晴圆缺，职场人生也是如此，职场人也有低谷、失意的时候。作为已婚女员工，在职场低谷的时候生育孩子，大大转移了自己的职场注意力，有效地减弱了职场烦恼，并且利用这段职场价值不高的时间完成了自己人生的生育大事，可谓是聪明之极。

## 第2节　职场安全感就是这样炼成的

柴小禾来自一个小城市，在北京读的大学，毕业后没有回老家，她想在北京打拼，可是，北京人才济济，想找份好的工作非常不容易。在毕业之后的三个月，在参加了无数次招聘后，她终于进入了一家销售公司上班。

一

柴小禾所在的部门是售后服务部。平时的工作是接听电话，并及时向领导反馈客户的意见。售后服务部的特点就是女员工多，她们在一起，喜欢偷偷地扎堆发牢骚，说工作压力多么的大，待遇是多么的低，说得每个人都情绪激动义愤填膺的。

柴小禾在单位里小心翼翼的，从来不扎堆发牢骚。其实单位的待遇还是不错的，她想不通同部门的其他同事为什么总爱说单位的不好？如果工作非常清闲没有压力,老板凭什么给你开那么多的工资? 如果嫌工作不好,辞职就是,瞎抱怨什么? 她默默地、勤奋地工作,其他的同事觉得很奇怪,因为从来没听到过这个刚从学校毕业的小姑娘抱怨工作有压力。

柴小禾工作量比较大,两部电话不停地接听,常常是接了这个电话就是下一个电话,还得说话温柔让对方感觉到是在微笑着与他说话。如果让对方感觉到微笑,那么,你自己在电话这边就应该做到微笑。

尽管柴小禾压力很大,但是她从来不向同事发泄。她觉得情绪是可以互相传染的,如果互相发牢骚,只能让情绪更不好。越发牢骚好像单位的缺点越多,因为发牢骚的人自然讲的都是单位的不好。

柴小禾买了网球拍,每天下午下班后在住所附近的大学里的网球场去打球,大大缓解了工作压力。

一天,柴小禾在认真地做报表,几个同事在发着牢骚,反正老板的皮鞋声一响,大家会立刻调整状态的。过了一会,她突然觉得办公室里很安静,安静得不正常,她立刻抬头看,发现老板正穿着运动鞋站在门口,所以大家才没有听到声音。

大家一下子花容失色,只有柴小禾非常坦然。

在周五的例会上,老总不点名地批评了单位的这种现象:"一些人在工作的时候,不好好工作,还好意思说单位的待遇怎么怎么! 这样的人,别说在我这,就是到联合国也干不好,嫌待遇低的,可以给我提,如果我达不到你的要求,可以辞职啊……"说得那几个同事特别脸红。老总说话的时候,赞赏性地看了看柴小禾,柴小禾庆幸自己认真工作,没有浪费工作时间。

### 职场小贴士:

单位是工作的场所,不是情绪的发泄地,每个人都有着或大或小的工作压力。有情绪的时候,只有自己好好调节,绝对不能带着情绪工作,更不能在单位里发牢骚来平衡自己的情绪。

# 二

有群众生活的地方，就有矛盾，就有斗争。办公室就这七个人，还分成了两派。不过，柴小禾不参与她们的任何一派，她只想着把工作干好。

在单位，她从不得罪人，见人很有礼貌，工作业绩很好，做事井井有条。上班的时候，也不聊 QQ。她想，工作的时候，如果三心二意那是干不好工作的。

在整个售后服务部，柴小禾接的电话最多，对待顾客的咨询或者投诉能认真记录，并及时解答或者反馈公司的处理情况。顾客很高兴，就问："请问您是哪位？"柴小禾就认真地说："我姓柴，你就叫我小柴就行了。"在大客户与领导见面的时候，总是夸小柴的工作态度好。

柴小禾平时还给单位提了很多合理化的建议，处处维护单位的利益。有次，一个客户把钱早就打来了，由于销售部没把客户的地址写清楚，导致货物被退回。按照公司的惯例，寄错地址的货物只有退回到公司后，才可以再次发往更正后的准确地址。这样一来，不仅会让客户花费很多的时间去等待，而且还会严重影响公司的办事效率和信誉。柴小禾觉得客户的利益就是自己公司的利益，如果把单位的利益与客户利益分开的话，那么，这公司不可能做大。于是，就给老总提建议："在确认地址不详的货还在退回的路上的情况下，公司为了提高工作效率，应该及时用加快给客户补寄货物。"老总觉得这建议很好，立即批准。公司的这项小改革让一些客户很感动，专门给老总打电话表示感谢，合作关系得到了进一步的巩固。

两年后，因为单位发展，分别在西安、沈阳、福州、重庆设立了分公司，很多客户可直接就近订货。北京总公司的业务量一下子被分解了很多，于是，市场部的十一个员工就显得多了，需要精减。这个时候，一些人开始慌张了，这才开始努力表现认真工作，但是，这个时候已经晚了，那些平时不认真工作的人被单位解雇了。柴小禾不但没有被精简下去，反而被提拔为市场部的主管。

**职场小贴士：**

"拿人钱财，为人消灾"，要处处为单位着想，任何一个正规单位都不会漠视员工的忠诚和奉献。当单位需要精简或者提拔员工的时候，作为领导，他自然照顾那些处处为单位着想的员工。

## 三

柴小禾身在职场，认识到充电的重要性，她每天都要学习两个小时。睡觉前，坚持听四十分钟的英语口语，还悄悄地学习了人力资源管理，考取了人力资源师证书。她觉得不管怎么样，在职场上，如果想混得开吃得香，那么就必须不断地"充电"。

有一天，单位来了几个美国客人，而专职翻译休年假去了，事情紧急，老总就一个部门一个部门地问："有没有英语口语特别好的？"结果没人敢应答。因为这次翻译不但口语要求比较高，而且还涉及很多专业用语。柴小禾自告奋勇地当了翻译，在两个小时的愉快交谈中，她表现得非常优秀，老总特别高兴。

那以后，老总看柴小禾非常精明能干，就找她谈话："我有心让你当副总，主管市场部和人力资源部门，但是咱们是正规的大公司，主管人力资源部，一定要受过专业培训，要有人力资源师的证书。等你以后把这证书考下来再说吧。"柴小禾不好意思地说："那个证书，我已经取得了！"老总惊诧了一会，然后兴奋地拍手道："好好！没想到你这小姑娘还挺上进的啊。"

于是，大学毕业后的第六年，柴小禾就走马上任当上公司的副总经理了。

**职场小贴士：**

在职场中，没有远虑，则有近忧。要不断地充电，这样，职业生命才会长久。有了实力，才能在职场上进退自如，才能够前景远大、天地广阔。

## 第3节 如何消除职场中后起之秀带来的挫败感

职场中，常常有这样的现象：一个工作多年的老员工，居然被刚入职不久的新人"超越"了，于是，老员工觉得很"丢面子"，觉得很失落，产生了一种深深的挫败感。如何消除职场后起之秀带来的挫败感，给大家以下三条建议。

### 以过来人心态多多给予理解

宋敏是家广告公司具有十年工龄的老员工了。宋敏当初刚进入公司工作的时候，业绩非常好，做了很多优秀的广告策划，是那时候公司的"首席策划"，而且这个"首席"一直延续到去年上半年。

去年下半年，一个刚入职半年的新人陈菲业绩开始超越宋敏。宋敏上有体弱多病的父母需要照顾，下有刚上幼儿园的儿子需要关心。工作之余，还有很多家务缠身。陈菲大学刚毕业，没有家庭拖累，时间充足，精力充沛，工作上非常有冲劲，居然连续策划了几个非常好的广告方案，得到了客户的大加赞赏，老总也高兴得眉开眼笑的，在员工会议上表扬了好几次。以前，宋敏一直是公司策划部里的首席策划，陈菲一来，大家就开玩笑说宋敏从"首席"变成"慈禧"(次席)了！面对这样的玩笑，宋敏却乐不起来，心里有着很大的失落，并且还很恼火，觉得一个刚进入职场的小丫头居然抢了自己多年的风头，感觉自己真是丢人！

过了一阶段，宋敏冷静下来一想：自己当初是职场新人的时候，不也这么工作有冲劲，不也是这么超越了当年的优秀老员工吗？不是也把当初的公司策划部的"首席"挤成了"慈禧"(次席)吗？这么一想，宋敏的心结慢慢地打开了，再看陈菲的时候，觉得简直像是多年前的自己，心里感觉很是亲切。

31

**职场小贴士：**

很多时候，现今的"后起之秀"其实就是自己当年作为新人时候的"翻版"，多多回忆以前的自己，就会对现在的新人多份理解，心态也就会平和下来。

## 输入新鲜的血液会更强壮

董刚是一家公司研发部的工程师。去年，部门进来了刚从天津南开大学毕业的研究生刘强。这小伙子专业知识非常扎实，工作态度严谨，人又非常勤奋，还谦虚好学，一句话，是个搞研发的好苗子。

刚进入公司不到一年，这棵好苗子就茁壮成长起来，并且非常迅速地超越了董刚。看到这个"叶繁枝茂"的年轻人遮挡了自己的风头，董刚心里很不好受，尽管自己只有三十多岁，但心中依然升起"廉颇老矣"的凄凉感。

董刚所在公司的研发部基本上都是三年以上工龄的老员工。原来来的其他几个新人缺乏信心，工作态度消极，整个团队没有什么工作干劲。现在来了个刘强成了技术尖兵，成了整个部门的领头羊，老员工暗暗铆足了劲，不想落在这个新人后面，其他几个新员工更是被激发出了斗志，从同是新人的刘强身上找到了信心。于是，研发部一扫以前散漫的工作作风，都开始精神抖擞、斗志昂扬起来。

研发部在一个"新兵"领头羊的带领下，大家都勤奋工作。几个月内，连续对公司的几款产品进行了技术革新，升级换代后的最新产品在市场上非常有竞争力，为公司赢得了丰厚的利润。老总非常高兴，按照功劳奖励，研发部每人分得了几千到几万不等的奖金，并且研发部每个员工涨了五百元工资。可别小看这五百元，这是个基数，一年就等于涨了六千元工资。

刘强这个优秀新人的到来，"搅"活了研发部往日的"一潭死水"，使得大家"被迫"精神高涨地勤奋工作，因为业绩好，大家也得到了很多的实惠。这个时候，董刚对刘强这个职场新秀很佩服也很感激。正是由于刘强这样的新鲜血液输入进来，研发部才更加强壮起来，董刚自己也被带动了起来，并且很快取得了职场上的惊喜和回报。

想到部门整体的进步和个人的"被动进步"，董刚的心情好了起来，以前的挫败感一扫而光。

### 职场小贴士：

如果团队长期不接纳新人，这个团队是"老化"的，是缺乏生命力的。在这个时候，团队如果增加了新人，并且是非常优秀的新人，那么，这个团队就像一个衰弱的病人输入了新鲜的血液一样会迅速强壮起来。那么，作为以前"病人"身上的一分子，对于后来的强壮，理应感到欣慰和庆幸。

## 君子之争的良好心态

赵冬是家公司的资深销售员。这家公司是专门销售安全防护产品的，客户主要是矿山、石油、井架、钢铁、石化、勘探、消防等大型企事业单位。

赵冬工作了七年，有着一批固定的客户，每个月的业绩都比较稳定。但是没有想到，刚进入公司不到一年的新人陆鹏上个月的销售额居然超越了自己。

输在一个新手面前，赵冬感觉灰溜溜的。苦闷了半天后，他也就想通了，决定和陆鹏实行君子之争。如果赢了对方，自然是好事情，如果赢不了对方，以后就继续努力。

赵冬想好了策略：对于以前疏于联系的部分老客户，一定要加强沟通！同时，要发展新的客户。

想好了策略后，以前不喜欢出差的赵冬开始频频出差，他觉得和客户在饭店里边吃饭边交流要比电话里交流效果好得多。

经过赵冬的努力，赵冬这个月的销售额比上个月有了大幅度的提高。不管能不能赢了新人陆鹏，不管能不能"咸鱼翻身"，赵冬都决定坦然面对：职场上是凭本事吃饭，职场上取得好成绩不容易。一个新人从零开始，既然能取得那么好的成绩，人家更不容易，付出的心血更多，自己应该尊敬新人，对于人家的好成绩，理应尊敬，对于人家暂时的不利，理应帮助。

### 职场小贴士：

职场中，落后于新人的老员工切忌心态浮躁、气急败坏，一定要理性地认识到新人取得好成绩的不易，一定发扬君子之争的心态，争取超越对方。

对于职场中的后起之秀，一定要给予理解和尊敬，及时调整好自己的心态，在更加努力工作的同时，与他们建立良好的同事关系，并和谐相处，争取携手为公司做出新的更大的贡献。

## 第4节　孵　化　理　想

理想就像是温床上的鸡蛋，如果得不到及时孵化，就会坏掉。

一

我与赵学强同龄，算是光着屁股长大的伙伴。

我们同住在市面粉厂家属院，九十年代初，因为管理混乱，面粉厂破产了。我们各自的父母都是面粉厂里的双职工，单位的破产对我们两个家庭的影响都特别大，各自的父母都是愁云密布。我的父母买了台压面条机，给人加工面条以谋求生路。赵学强的父亲一时没找到合适的工作，就在市里的一个建筑工地上打工。

面粉厂倒闭的那一年，我与赵学强在同一所中学读初一。在我们结伴上学的路上，赵学强多次气愤地对我说："面粉厂里那些当官的都是猪，竟然把全市最好的面粉厂鼓捣没了！我长大了要自己干个面粉厂，给那些蠢猪们看看！我办厂可不是为了与那些猪们斗气，我要多收一些像我们父母那样的下岗工人，给大家做些好事。"那个时候，我对赵学强的这个理想很不以为然，以为他纯粹是说气话，根本不可能实现，因为办个面粉厂不是简单的事情。

赵学强的父亲在一家建筑工地上打工，因为没有技术，干的都是出劳力的力气活。有一次，赵学强父亲在工地干活的时候，一不小心从三楼外墙边的跳板上掉了下来，而墙体外并没有防护网，结果，赵爸爸腰椎严重受伤，伤好后留下了后遗症，连走路都小心翼翼的。包工头除了掏医疗费外，没有给赵爸爸一分钱的赔偿，这个家庭的重担一下子落在了赵妈妈的身上。她整天靠到处干小时工来艰难地支撑着这个家庭。

我们住的房子是面粉厂以前淘汰下的厂房，非常宽大。赵妈妈听从别人的建议，养蛋鸡卖鸡蛋。赵妈妈几乎把家里所有的积蓄拿了出来，请人做了很多养鸡的竹制鸡笼，开始喂了二百多只鸡。因为大家都迫于生计，再说，赵妈妈与赵学强勤给鸡舍打扫卫生，最大限度地消除异味，所以，周围的邻居也没人为难他们。

喂这么多鸡，每天都需要相当多的饲料。赵学强每天中午与下午都去附近的一所中专学校里的食堂帮助洗刷碗筷，打扫卫生。作为报酬，对方把学生的剩米饭、馒头给他，他带回家喂鸡。就这样，他家的鸡饲料问题解决了，每天可以收将近二百个蛋。后来，赵学强从报纸上学到用日光灯照着母鸡，母鸡在光线下就会大大减少睡眠，像白天一样吃喝，这样相当一部分母鸡每天就可以下两个蛋。

因为赵学强家里的鸡喂的都是米面，没有任何饲料添加剂，他家的鸡蛋总是很好卖，收益不错。

# 二

赵学强还真是个有心人，他从一本科普读物上看到可以用人工的办法孵化小鸡：在炕上铺上装满温水的大塑料袋，把鸡蛋放在大塑料袋上面。孵鸡蛋的温度应该控制在 37.5 度到 39 度之间。一个鸡蛋不到四角钱，而一个小鸡崽却可以卖到一块钱，孵小鸡卖比卖鸡蛋强多了。

在赵学强的提议下，赵妈妈从市场上买了十多只大公鸡，塞进了鸡笼，让他们与母鸡们"谈恋爱"，然后下的鸡蛋就可以用来孵小鸡了。开始的时候，因为温度掌握不好，总是有大批的小鸡孵化不出来，二十一天后，赵学强剥开那些没孵化出小鸡的鸡蛋壳后，发现里面有一些长成型了，却因为温度凉了，没有孵化出来。

后来，他就买了个温度计，严格控制热炕上的温度。他晚上经常睡得非常晚，边守着孵化小鸡的热炕边温习功课。

他家的孵化炕与鸡舍同在一个大房间。我说："你怎么把自己弄得这么辛苦？每天休息得那么晚！"

赵学强又说计划长大后办个面粉厂，我说办厂那是以后的事情，遥远着呢，整天惦记着这干吗？

赵学强很严肃地说："理想就像是温床上的鸡蛋，如果得不到及时孵化，就会坏掉。所以，我要争取早日让我的理想'孵化'成功。"

我们读大学前的每年暑假，当我在家里吃着西瓜避暑时，赵学强却冒着酷暑去六里外的木材加工场打工。他的工作就是电锯工在锯木头的时候，他在操作台上扶稳木头，工资虽然不高，但是，他每天可以无偿拉回很多的锯末，用三轮车成麻袋地拉回来。赵学强在院子里的闲地上挖了几条沟，然后把锯末放在里面，封上土，然后在土上洒上水，过了几天，把土扒开，锯末里就会生出很多白白胖胖的小虫子，这些小虫子蛋白质比较高，是母鸡们很好的饲料。赵学强把院子里的门关紧，然后从鸡舍里放出来一些母鸡来啄吃小虫子。

夏天的时候多雨，每下过雨，蚯蚓就特别活跃。雨后的傍晚，刚从木材加工厂回来的赵学强顾不得吃晚饭，就一手拎着铁桶一手拿着小铁爪去附近的河边扒找蚯蚓。

赵学强就是这样整天千方百计地想着降低自己家母鸡的饲料成本。

三

我与赵学强一起高中毕了业。我们都上了本地的师范学院，我上本地这所普通院校是因为我成绩不好，凭考分只能上这个学校，而赵学强的分数是够读重点的，但是他还是读了这所学校。因为他想给家里省下一笔钱：住宿费、学费、路费、伙食费，每学年可以省下许多钱，赵学强觉得非常划算。

赵学强每天中午放学后不忙着回家，而是用两个铁桶到学校食堂去收集大家的剩饭，班里的同学甚至整个生物系的学生都知道赵学强家里是"养鸡专业户"，大家都笑嘻嘻地把剩饭倒进了他的桶里。收集满两铁桶的剩饭后，赵学强就把桶拎到三轮车上，然后骑着回家。对于赵学强这个骑着三轮车来上学的可笑"另类"学生，学校领导也耳闻目睹过。虽然开始的时候觉得一个学生整天弄了两个铁桶收集剩饭有点怪怪的，但是后来听说他的父母双双下岗，算是贫困生，校领导也就默许了赵学强这种让很多学生觉得"搞笑"的举止。

赵学强每天中午骑着三轮车匆匆回到家，先把饲料倒出来喂鸡，然后他自己才开始吃母亲留的午饭，吃完饭，他打扫完鸡舍的卫生，再匆匆去学校上课。下午放学，也是这样，带着两桶"饲料"回家。

很快，赵学强成为我们学校里的怪人，有些女生一见他就捂嘴笑，赵学强见别人笑他，他自己也笑，一副很开心很有成就感的样子。

双休日以及其他法定节假日，赵学强一般都骑着三轮车下农村去卖小鸡，车斗里载着高高的七八层扁竹篓，里面盛放着唧唧喳喳的小鸡。一次，天突降大雨，他把自己的上衣盖在竹篓上，光着膀子匆忙从乡下回来，他全身被雨淋得精湿。

大二的时候，赵学强除了养鸡外，还开始了养鹌鹑。因为一些市民喜欢买鹌鹑蛋，饭店里需要量也比较大。隔壁邻居已经买了新楼房搬走了，原来的两间房子一直闲着。因为这房子是个人买下的，产权归自己。他把邻居家的这房子租了下来，经过邻居允许后，赵学强就把邻居家这两间房子与自己家的房子打通，然后开始大量饲养鹌鹑，赵学强的鹌鹑蛋销售一直很好。

## 四

大四那年冬季的一天，我和女朋友逛大街，在经过市里的宠物市场的时候，发现赵学强正举着个电喇叭在大声叫卖小鹌鹑："小鹌鹑，小鹌鹑，可爱的毛茸茸的小鹌鹑啊，一块钱一个啊！竹制小鹌鹑笼，两元钱一个……"因为过于专注，他没有注意到我。

很多孩子都吵着要买鹌鹑当宠物养，年轻的父母们在细心地挑选，赵学强生意很是火爆。

我女朋友与我一所学校，她撇嘴嘲讽道："你看咱们学校里的活宝，整天就知道钻进钱眼里，一点都不浪漫！"

我苦笑，没有说话。大四第一学期把整个课余时间用来忙着找工作而屡屡碰壁后，我才意识到自己这几年的宝贵时间都在恋爱、电影、跳舞、上网中荒废掉了，那些宝贵的日子一去再也不复返。

口口声声喊爱我永远的女朋友，毕业后就与我分手了，毅然地回到了她的老家。看到这毕业即失恋的不堪一击的大学恋情，我心中充满了凄凉，深深地羡慕赵学强一直过着属于自己的充实生活。

赵学强父母一直很欣赏他们争气的儿子，家里的收入一般也让他掌管。

大学毕业后，赵学强手里积蓄了一些钱，他母亲的意思是想买套好的房子，然后再进行精装修，全家人舒舒服服地居住。

然而赵学强却说服了母亲，他到郊区租用了一处闲置的乡镇企业的厂房开办了一家养殖场，然后在里面养鸡、养鹌鹑，还养着一些猪。通过关系，赵学强与我们大学新校区的食堂协商成功，象征性地给食堂一点钱后，就可以把每天的剩饭菜用租的小卡车拉回来，足够几十头大肥猪每天吃的。

两年后，赵学强的手中有了些钱，于是，他就在养殖场附近买了一块地，然后盖了个小型面粉厂，招聘了一部分原市面粉厂的下岗职工(包括我父亲在内)，在大家齐心协力地经营下，这个小面粉厂不断扩大，不断有更多的市面粉厂的下岗职工被吸纳进来。

赵学强经过自己多年不断地努力，他少年时候的理想实现了。

目睹了他多年的奋斗，我很感慨：孵化理想果然就像孵小鸡一样，温度要衡温、要持续，不能忽冷忽热的，只有这样，理想才能够及时孵出。

我当时的理想就是希望以后能在外企里做个部门经理级别的白领精英。

大学毕业两年后，我从当年收留我的赵学强的面粉厂里辞了职，因为我想去省城实现我自己的理想。

我想找个外企，从最底层的销售员干起，然后持之以恒地勤奋工作，一步步地稳扎稳打。我想，我的理想一定能"孵化"成功，因为赵学强给我做出了最好的榜样。

39

## 第5节 还可以向左右行

艾静是一家安全防护产品公司的销售助理，她的工作就是做标书，给出差的销售员购买火车票，预订机票以及酒店，统计客户拖欠的货款。总的来说，就是给销售部当保姆，专门为这些人员服务。

公司销售部下面分为东西南北中五个销售大区，每个大区都有自己的销售助理。

这个公司是家族企业，公司里很多员工都和老板沾亲带故的。一共五个销售助理，两个是老板的亲戚，一个是老板同学的女儿。这三个助理自认自己有靠山，于是在工作上偷懒耍滑，并且经常把不该艾静干的工作都交给艾静"代劳"，艾静也不想得罪她们，于是对她们基本上是有"吩咐"必"完成"。

　　另外一个和艾静同样没有背景的销售助理晓函也经常被其他三个助理"摊派"工作，但是，这个销售助理性格比较倔强，根本不吃她们那一套，常常把她们的"摊派"毫不客气地推出去，时间久了，这三个人就对晓函很有意见，处处紧盯着晓函，只要晓函工作上有一点差错，她们都会争先恐后地偷偷汇报给销售部经理甚至是老板。

　　这三个有背景的助理都觉得自己和老板能攀上关系，互相不买账，于是，这三个人的关系也比较紧张。

　　艾静根本就不参与公司里的这些是是非非，她总是勤奋地工作，优质地完成自己该做的以及不该做的工作。有时候，本职工作不是很繁忙的时候，她还主动去公司的维修部帮忙，给那些工程师打下手，维修那些客户们返修的机器。时间久了，艾静居然也学会了维修产品。

　　艾静是个有心的人，她不但学会了维修公司产品，在工作清闲的时候，她躲开那几个互相争斗的同事，用心倾听公司里那些骨干销售员怎么在电话里向客户进行产品报价，怎么讨价还价，怎么沟通。很快，她对销售工作也有了些心得。

　　后来，艾静主动要求当销售员。在公司里，销售和技术人才都是非常受欢迎的，既然艾静主动要求做销售，于是，老板也就爽快地批准了。

　　艾静手里没有任何客户，她就按照一些销售员当初的做法：从百度上搜索相关潜在客户的电话，然后一个一个地打过去，向他们报价。有时候，对方咨询他们使用的某某产品坏了，能不能维修好。虽然不是艾静自己公司的产品，但是，同类产品都是大同小异的，艾静就热心地给他们提供技术咨询，艾静在维修部学到的知识也派上了用场。见艾静这么热心这么内行地回答他们的问题，作为回报，还真有几家公司开始从这里采购产品了。

　　这个世界上永远存在着洗牌，销售市场也是如此。有的客户与供应商产生了矛盾，正在生气呢，结果，艾静的电话打过去了，对方负责采购的负责人一听到有联系业务的，并且说的还非常专业非常细致，于是大手一挥："好的，我们从你这购买什么产品……"于是一个生意就这么谈成了。

　　还有矿山、钢铁、井架等行业中的一部分企业，以前不注意安全防护，但是，为了应对上级主管部门的检查，准备购买一些安全防护产品，这个时候，艾静的电话打去了，瞌睡正遇到枕头，于是合同很快签订。

艾静虽然还是在销售部，但在从销售助理改为销售员的一年后，艾静发展起来了自己的客户群。底薪不算，光销售提成，艾静每个月平均就能拿到三万多元，成为了公司里的销售骨干。

那四个整天争斗不止的销售助理的工资加一起，还不到艾静每月收入的一半。这个时候，那四个销售助理对艾静是非常的佩服。

有人把职场比喻成是猴子爬山，向上看到的是屁股，向下看到的是笑脸，左右看到的是耳目。这个比喻激励大家都向上爬，要努力升职，因为如果不努力不向上爬，随时都有掉下去的危险。

其实，职场中，并不是光有升职这条道理，很多时候，我们可以向左行向右行，横向地拓展我们的业务水平、提高自己综合的职场技能。这样的发展，可以让一个人在公司里迅速成长为骨干力量，大大提高自己在公司的地位。

职场中，很多时候不论向左行还是向右行，都会创出自己更大的一片职场新天地。

## 第6节　如何避免职场冲突

人的精力和时间都是非常有限的，只有避免职场冲突，与同事相处得和谐，才能够集中精力认真工作，才能够在职场中得到同事的更多帮助与合作，自己的才华才能够在职场中很好地体现出来。

### 以低调、谦虚的姿态进入"职场新门"

赵莉是从其他公司跳槽过来的，她是个非常有经验的销售人才，在以前的公司连续三年是销售部业绩最好的销售员。为了获得职场的更好发展，她这个原公司的"首席销售员"跳槽到这个同行业的大公司来。在她上班

41

的第一天上午，销售部经理按惯例，让新人自己站起来介绍自己。

赵莉非常谦虚地说："虽然以前我也做过几年销售，但是，成绩却很一般，我之所以来到咱们公司，就是向大家学习来的，请大家以后能多多指教……"

在此后的工作中，赵莉总是客客气气地和大家相处，有职务的尊称对方职务，没有职务的老员工，她一般在姓后面加上"老师"作为尊称。

其实，赵莉在行业内还是有点名气的，她这么做，让销售部的人觉得她很谦虚、低调，于是也没有人好意思以"老"欺"新"，没有人故意刁难她。所以，她顺利地融合到新的集体中，在以后的工作中，也与大家相处得比较好。

不管你是刚毕业的学生还是跳槽过来的职场"老人"，进入这个新单位，一切都得重新算起，统统都算是新人。

如果一个"新人"太张扬，不知深浅地炫耀以前的业绩，好像自己是"精英"，别人都是庸才，这样的自大容易激起大家的反感，自然会招致各种讽刺挖苦和刁难，所以"夹尾巴"进入"职场新门"是最明智的选择。

## 亲密有间，不要探听同事的私事

陈林有个习惯，就是不喜欢听别人的私事。

陈林和同事聊天的时候，从来不探听对方的私事，有时候对方主动告诉他，他也没有兴趣，他会及时地劝说对方守住自己的秘密。例如，有时候中午在食堂吃饭，关系要好的同事悄悄地说："我告诉你一个秘密啊！"话刚说到这里，陈林赶紧说："拜托，你赶紧把你的秘密收起来，千万别告诉我。"

大家都知道陈林对别人的隐私不感兴趣，于是，公司内，因为一些人的隐私被传播开去，当事人特别恼怒，寻找传播链的时候，从来不会怀疑陈林，自然更不会迁怒于他。

陈林的"不好奇"为自己避免了很多不必要的麻烦。

好奇害死猫！同样的道理，如果对同事的私事非常好奇，总想千方百计地知道，那么，你知道得越多，当同事的隐私泄露出去后，你越是受到怀疑。这个时候，对方就很有可能向你兴师问罪！所以，拒绝知道别人的隐私，非常有利于你和同事的和谐相处。

## 耐心、委婉地说话

张惠是一家公司的会计，公司的一些销售人员出差后，总是拿回来一些乱七八糟来路不明的发票要报销。老总看在这些销售员很好的业绩上，也不好意思当面拒签。对于这样的发票，老总签字的时候，总是不经意地在名字后面顿了一个点，其实，这是他和张惠的约定，遇到这样的发票，一定要尽量拖延着不给报销。

作为老总的"挡箭牌"，张惠是最容易和销售员发生言语冲突的。但是，每次张惠总是耐心地"解释"没有钱的理由，并且满脸真诚，对于销售员的发火，张惠依然很耐心。面对一个很有涵养的女同事，销售员也不好意思再纠缠下去了。时间久了，销售员也明白张惠只是老总的"挡箭牌"而已，于是，乱七八糟的发票也就少了很多。

虽然这只是个比较特别的例子，但却能证明在职场中，耐心、诚恳地说话的重要性。耐心、委婉地说话，心平气和地交流，会非常有效地避免言语上的冲突。

## 不要拿老板压人

林辉是家公司研发部的员工。林辉的围棋下得不错，巧的是，公司老总也喜欢下围棋，于是中午休息的时候，老总常常让林辉过去下围棋。

与老总接近后，林辉常常把自己对公司产品的改进方案向老总汇报，尽管很多时候，方案很不成熟，只限于初步构思，但是因为是"棋友"，老总就比较关照，常常鼓励林辉按照自己的思路进行下去，争取能给公司

43

的产品带来改进，使之更好地占领市场。有了老总的"口谕"，林辉特别高兴，于是上班的时候就独立研究起来，对部门经理分配给他的工作根本不理睬。部门经理催问得紧了，林辉得意地说："老板给我分任务了，让我给咱们公司的某某产品进行改进！"

林辉的顶撞让研发部经理很反感，再加上林辉动不动就拿老总说事，拿老总压他这个部门经理，他更是憋了一肚子的火。

终于有一天，部门经理火了，找个借口把林辉狠狠地批评一顿，林辉觉得自己有老总的尚方宝剑，毫不示弱，和部门经理顶了起来。这次争吵惊动了老总，老总认真考虑后，觉得自己不应该和一个普通员工走得过近，这会造成部门经理一些不必要的误会，也会让林辉滋生骄傲情绪，从此老总再也不找林辉下围棋了，老总以这种姿态支持了研发部经理的工作。研发部经理迅速占了上风，经常"严格"要求林辉，弄得林辉苦不堪言。

职场中，常常有一些人因为暂时获得老总的信任和好感，就开始心态浮躁起来，不把别的同事甚至是顶头上司放在眼里。有事情直接向老总汇报，老总给他下个指示后，他就拿老总的指示当令箭，顶头上司让他干某项工作，他直接回绝："老总让我干什么什么呢……"或者是"老总让我这么做"。这样的做法是挑战顶头上司的权威，上司为了杀鸡给猴看，也得尽快把这样的员工治服。遇到矛盾激化的时候，老总从大局考虑，往往还是支持部门经理的。

所以，不要拿老总压人，以免引起不必要的冲突。

### 职场小贴士：

职场中，因为人处世等方面的不慎重，而引起与同事的冲突，轻则会影响自己的心情，影响自己的工作效率，严重的甚至使自己不得不离开单位。在职场中，低头工作的同时，也应该抬头看路，避免职场上的冲突。

## 第7节　如何做职场中的"常青树"

杜雷大学毕业后进入一家公司的研发部工作。虽然是个职场新人，但是他具备很多良好的品质：工作勤奋、认真、有创新精神、谦虚……

第一家公司有点吃大锅饭的意思，老总的本意是不想让员工之间竞争那么激烈，大家一起把工作干好，有饭大家吃，有钱一起挣，同等资历员工之间的收入不要差异很大。工资是按照工龄、学历等划分的。

杜雷开始的时候感觉挺不好的，觉得单位这样的规定不利于提高大家工作的积极性！但是，听到进入其他公司的那些同学叫苦连天，说竞争如何激烈、工作压力是如何的大，杜雷感觉自己进入了一个好单位。

那些老员工因为工龄长，待遇很高，再加上对单位很有感情，也理解老总不想给大家施加过多压力的苦心，工作上还是非常认真努力的。

但是，任何制度有利的同时也有弊端。杜雷进入这个公司后，认识了一个新同事，他是比自己早来两年的同一大学的学长。两人经常在上班时间去楼梯口抽烟聊天，然后感叹这样的单位真是舒服，没有压力，学长说道："反正是吃大锅饭，涨工资也是靠多年的媳妇熬成婆，熬呗，反正工龄越熬越长，工资就越来越多！"

经常听学长这么唠叨，杜雷的工作积极性就消失了，干起工作来很是消极，基本上是老员工指派自己干什么，自己才去干，没有人指派的时候，就假装在网上查资料，其实是在那偷偷地看网络新闻或者 QQ 聊天。

因为工作不努力，部门经理很是有意见，经常批评杜雷。杜雷一气之下辞职了，跳槽到同行业的另外一家公司工作。

这是家比较保守的公司，之所以"保守"，是因为老总不想把大量的钱投资在新产品的开发上，老总比较喜欢那种打擦边球的"模仿"，就是仿制一些同类著名企业的成熟产品，大公司"吃肉"，他们的公司跟着喝汤。这个公司的研发部严格意义上不算"研发"，其实是"山寨"研发部。

　　很快，杜雷就"适应"了这个公司的"研发"工作方式，疏远了以前自身所具备的"创新精神"。

　　擦边球打多了，就会有失手的时候，这个公司最终被一家大公司抓住把柄，推上了被告席，最后给对方巨额赔款了事。老总觉得这个办法比较"危险"，于是开始改行，准备开大型超市，进货、卖货比较保险，正好适合他"保守"的性格。

　　公司改行了，杜雷跳到了第三家公司。这家公司有个技术人员老高，最能贫，上班期间就听他在那吹牛，时间久了，杜雷也学会了吹牛说大话。

　　大学毕业几年，杜雷没有在职场上学到新本领，倒是丢掉了很多的优点。此后，杜雷在各个公司之间打转，成为一个职场"混子"，要么过不了试用期，要么，虽然过了试用期，但是人家给的钱不高，简直给的就是刚进入职场的大学生的工资，杜雷有意见也没有招，他不明白自己好歹也是有好几年职场工作经验的人，怎么身价这么低廉呢？

46

　　职场是个大浪淘沙的地方，像杜雷这样的人占相当一部分，他这样的人逐渐被"淘"，逐渐被边缘化，这样的人在职场上寿命非常短。时间久了，人家见他的工作能力与年龄严重不匹配，人家就会拒绝录用，职场的道路注定会很艰辛。

　　职场中，会遇到"舒适"的环境，也会遇到一些有着各种"职场缺点"的同事，如果不严格要求自己，就会染上同事的职场缺点，在职场中贬值。

　　职场中，一定要严格要求自己，力求在职场中不断进步，千万不要随波逐流，千万不要让自己的优点被别人的缺点所"侵蚀"、"同化"。只有保持清醒的头脑和奋进的精神，才能成为职场上的"常青树"，才能够笑傲职场。

## 第8节　拒绝"生锈"的商业大亨

　　桑德斯于1890年在美国印第安纳州一个农庄出生。在桑德斯6岁时，他的父亲意外去世了，桑德斯成为母亲的小助手，肩负照顾弟弟、妹妹的重任。一年以后，他竟然学会做20个菜，成了远近闻名的烹饪能手。

1930 年，已经四十岁的桑德斯开始做生意，他来到肯塔基州，开了一家加油站。来往加油的客人很多，看到这些长途跋涉的人饥饿难耐的样子，桑德斯大脑闪出一个念头：他决定顺便做点方便食品来满足这些人的需求。

桑德斯推出了后来闻名世界的肯德基炸鸡。当然，那个时候还是"初级版"，由于肯德基炸鸡味道鲜美、口味非常独特，受到了加油客人的欢迎和力挺。

很快，桑德斯的炸鸡名声和利润居然超过了他的加油站，于是，桑德斯干脆就在加油站的马路对面开了一家桑德斯专营餐厅。桑德斯专心研究炸鸡的特殊配料(含多种药草和香料)，这些特殊配料使得炸成的鸡表皮形成一层非常薄的、几乎未烘透的壳，鸡肉湿润而鲜美。至今，这种炸鸡配方还在使用，只是"升级版"的肯德基炸鸡的调料已从当初的 11 种增至 40 种，而这就是肯德基最重要的核心的秘密武器。

1935 年，桑德斯的肯德基炸鸡已非常出名。肯塔基州州长鲁比·拉丰为感谢桑德斯对该州饮食行业所做的贡献，向他颁发了肯塔基州上校官衔，于是人们开始亲热地称呼他"亲爱的桑德斯上校"。

随着客人越来越多，桑德斯餐厅的工作量急剧加大，常常不能及时地把炸鸡端给客人，这让桑德斯非常头疼。就在这时，一次偶然的压力锅（就是现在的高压锅）展示会给了桑德斯一个启发，压力锅不仅可以大大缩短烹制时间，而且还能有效地避免把食物烧糊，是非常好的技术发明，大大促进了桑德斯事业的发展。

1939 年，桑德斯买了一个压力锅，他做了千余次有关烹煮时间、压力和加食物油的实验，根据上千次的数据分析、总结，他终于发现了一种独特的炸鸡方法。在这个压力下所炸出来的鸡是他所尝过的最鲜美的炸鸡，至今肯德基炸鸡仍使用桑德斯当初研制的这项妙方。

第二次世界大战的爆发，美国被拖入战争，美国经济迅速恶化，使得开始走向老年的桑德斯破产而变成穷人。

尽管穷困潦倒，桑德斯并没有自暴自弃，也没有破罐子破摔，他果断地开始了第二次创业。他四处推销自己的炸鸡秘方，想用自己的技术入股，与人合作建立肯德基餐厅。

桑德斯身穿白色西装，打着黑色领结，一身绅士打扮的白发老人来到美国每个州的每家饭店门口兜售炸鸡秘方。桑德斯现场给老板以及饭店的员工演示炸鸡的技术，如果他们喜欢炸鸡，桑德斯就卖给他们特许经营权。

但是整整两年，大家对这种从来都没有听说过的合作方式不感兴趣，没有任何人相信桑德斯，他被拒绝了 1009 次！当桑德斯第 1010 次推销的时候，他终于获得一家饭店的同意。

1952 年，桑德斯授权经营的第一家肯德基餐厅建立了，这是肯德基餐饮王国的第一家加盟店，同时，也是世界上餐饮加盟特许经营的开始。这年，桑德斯已经六十二岁了。

从此，桑德斯开着一辆破旧的汽车，汽车上载着他独特的配料和肯德基的秘方以及他的高压锅，在美国四处推销他的肯德基秘方，出售肯德基餐厅的加盟权！后来，桑德斯甚至开车去美国的邻邦加拿大去销售自己的肯德基配方。在短短五年内，他在美国及加拿大已有 400 家连锁店，这样的成绩连桑德斯自己都吃惊。

桑德斯 90 岁那年去世，他不但在全球范围内创立了自己的肯德基餐饮王国，而且还留下了一句世界级名言："很多人因为闲散而生锈。如果我因为闲散而生锈，我会下地狱。"

正是因为"拒绝生锈"，尽管穷困潦倒，但是，桑德斯在 60 岁的时候，毅然开始了自己的第二次创业，并且在此后的三十年中一直拒绝"闲散"，一直在勤奋地工作，一直工作到他去世的倒数第二天！

这个世界上，很多人其实具备成功的潜质，之所以成功的潜质没有发挥出来，之所以一生没有成功，一直就那么碌碌无为，就是因为"懒散"让自己的才能"生锈"了，使得才能迅速地黯淡、迅速地生锈、迅速地在岁月中被锈蚀，被彻底分解掉。

不管暂时多么困难，不管目前的处境多么"穷困潦倒"，只要拒绝"闲散"，拒绝命运"生锈"，只要勤奋踏实，永远保有一颗与命运抗争的心，那么，你也会像桑德斯那样拥有一个"闪亮"辉煌的人生。

## 第9节　白鼬的死亡之舞

在我国北方有种小动物名叫白鼬。成年白鼬体重只有大约二百五十克，也就是半斤左右。但是，它却经常能神奇地猎杀比它重十倍的野兔。

野兔是非常灵敏的小动物，奔跑的速度非常快，时速可以达到五十公里。因为常常奔跑，野兔的腿部锻炼得特别有力，俗语有"兔子蹬鹰"一说。老鹰是比较凶猛的，是名副其实的空中之王，它们扑杀小动物简直是小菜一碟，非常容易。但是，如果野兔被逼急了，它也会大胆地玩个"杀手锏"，就是一下子翻倒在地，肚子朝上，四腿蜷缩，当老鹰快速从高空中俯冲下来，伸出利爪准备抓捕野兔的千钧一发，野兔以闪电之势蹬出四肢，准确地踢在老鹰的肚子上，老鹰受此突然重击，多数会受伤倒地，少数会立即毙命。这个时候，野兔立刻翻身飞奔而去，惊险地从老鹰利爪下夺回一条命！野兔能玩"兔子蹬鹰"这一手，说明在突然遇到危机的时刻，野兔有时候表现得还是非常强悍的！遗憾的是，野兔的这种强悍的杀手锏却几乎没有在白鼬面前使用过，并且是没有机会使用。

凭速度，白鼬不能和老鹰相比，凭力气，白鼬与老鹰更是相差很远，老鹰不仅能抓起几十斤重的羚羊、驼鹿等动物，而且还能迅速地飞离而去。那么，白鼬扑杀野兔凭借的是什么呢？凭借的就是心怀鬼胎的"跳舞"。

当白鼬远远发现野兔的时候，它不是立刻追捕，而是掩藏住"敌意"，开始假装若无其事地、花样百出地卖力跳舞，并且跳得非常起劲、非常夸张、非常张扬，跳到精彩处，白鼬还会玩"空中翻跟头"的精彩舞蹈动作，然后四仰八叉地躺在草地上，显得非常得滑稽搞笑、非常得友好、非常得可爱。野兔兴致勃勃地观看白鼬的舞蹈，白鼬从地上跃起来，跳得更卖力了，并且以一种非常谦卑的姿态讨好野兔，就好像它跳舞就是为了心甘情愿地为野兔专场表演一样，就好像以此讨好攀附比自己强大的野兔一样，就好像白鼬是以跳舞的方式向野兔"俯首称臣"一样，白鼬以友好和弱者姿态向野兔展示自己的"诚心"。在白鼬卖力地跳舞的时候，野兔逐渐接受了白鼬的"诚心"，它失去了戒心，放心地观看白鼬跳舞。白鼬边跳边悄悄接近野兔。当白鼬跳到离野兔足够近的时候，它就会"图穷匕见"地显示出它的真实意图：它跳起来，一口死死咬住野兔脖子的致命部位——后颈，不管野兔如何挣扎，白鼬死死咬住野兔的后颈不放，很快，野兔就会因受伤严重、失血过多而死！就这样，野兔被体重仅仅相当于它十分之一的白鼬杀死，上演了让人感觉不可思议的真实一幕！白鼬在野兔面前跳的轻盈疯狂的舞蹈，生物学家们将其命名为"死亡之舞"。

职场中，也有一些白鼬这样的人，他们心存歹心却把自己伪装得很谦卑，尽力讨好你，尽力取悦你，尽力去麻痹你，当获取了你的信任，当你放松警惕的时候，他就会立刻跳起来给你致命的一击！

当有人极力吹捧你的时候，当有人卖力地取悦你的时候，当有人以"卖萌"的方式向你示好的时候，你就要提高警惕了，因为这也许就类似于白鼬的"死亡之舞"，这种死亡之舞，往往在你最放松警惕的时候给予你最致命的一击。

在复杂的职场人际交往中，在甜言蜜语百般讨好面前一定要提高警惕，保持清醒头脑，因为这也许就是对你进行"捧杀"，因为这可能就是让你陷入劫难的"死亡之舞"。对此，唯一能做的就是躲得远远的，离这种人越远越安全。

## 第 10 节　唤醒那些职场好习惯

大学毕业后，我进入一家刚成立的科技公司行政部做文员，当时，行政部就部门经理和我两个人。

公司老总以前在一家大型合资企业担任总工程师，后来辞职创业。老总专业技术高，有着两项专利发明，对员工非常好。我觉得跟着老总干肯定会前途无限，于是，我工作非常卖力：怕堵车而上班迟到，我每天都是提前从家出发，就是为了错开上班高峰，每天都能提前四十分钟左右到公司，快速吃完上班路上买的早点后，我就开始埋头工作。尽管工作量比较大，但是我从不埋怨。当天的工作加班也要完成，从来不堆积到第二天。那个时候，我和大家相处得非常和谐，每天到公司来，我都会热情地和值班保安打招呼，公司的保洁大姐拖地拖到我身边的时候，我都会客气地站起身。

公司得到了风险投资基金的投资后，开始了快速地发展，各个部门的人手都不够，于是开始招聘新人。行政部新招了两个人，其中有个叫叶红的女孩，她甚至连复印机都不会使用，我手把手地教会了叶红使用复印机，手把手地教会她在电脑上使用"办公自动化"。可以说，如果没有我的帮助，叶红这么个小实习生根本不会有后来的转正。

随着公司的高速发展，行政部不断地增加人手，不算上部门经理，行政部已经有七名文员了。这七名文员中，凭资历我是第一位。作为一名"资深员工"，我的日子好过了很多，因为和部门经理资历差不多，部门经理平时也不好意思那么严格要求，对于我隔三差五的迟到和早退采取了"睁只眼闭只眼"的宽容态度。作为老员工，有时候我把自己的工作分派给新员工去干，新员工也没有敢违抗的。自己的工作也轻松了很多，并且有了作为老员工的优越感和成就感，对同事越来越缺乏热情。作为老员工，我觉得自己没有必要和别人"套近乎"了。

公司在发展，在变化，我也在变化着……

今年三月初，公司在武汉成立了一家分公司，行政部经理被派去当分公司经理。按照资历，大家都以为这个部门经理的位置非我莫属，我也暗自得意地准备走马上任。

没有想到，老总却任命了叶红为新的部门经理，在一片惊诧然后是幸灾乐祸的眼神中，我非常愤怒，感觉公司对待我很不公平，叶红当初进公司当实习生的时候，她连复印机怎么使用都不会，还不是我把她带出来的？

我气冲冲地到了老总办公室，抗议自己遭遇的不公。老总叹息说："按照资历，这个部门经理自然应该是你来当。可是，从综合考虑，你却不合

51

适。因为这几年中，你前几年的那些敬业、勤奋、谦逊、平和等好习惯好像已经'休眠'了。我时常去你们部门转悠，发现你不仅经常迟到早退，还把自己的很多工作推给新员工去做，他们觉得你是老员工，怕你找机会刁难他们，他们只得无奈地接受，可是，他们私下里已经向我投诉你多次了。还有，很多人反映你心高气傲，经常扬着脸走路，对人爱理不理的。你看叶红，虽然进公司比你晚，资历比你浅，但是，她始终严格要求自己，始终清醒地保持自己的优点……"老总说这些的时候，我的脸很快地发烫起来，是啊，自己这几年怎么就没有反省过自己呢？怎么能让自己当初的那些好习惯"休眠"了呢？

从老总办公室走出后，我已经彻底清醒了，我在心里暗暗告诫自己：一定要唤醒自己当初的那些好习惯。

# 第三章

# 黑奶牛的牛奶也是白色的

## 第1节　职场英雄，不问出处

一

林晶硕士研究生毕业后，进入了一家大型私企，在人力资源部做行政助理，试用期三个月。

原来以为大型私企的门槛很高，林晶进去后才发现并非如此，很多同事的学历比较低。研发部的部门经理居然是中专毕业，销售部的部门经理是高中毕业，就连财务部的主管，也只是个大专毕业。这让她心情一下子放松下来，继而又踌躇满志，觉得自己这个高学历的人才可以放手干出一番事业。

人力资源部经理一副老好人的态度，和销售部经理说话的时候，满脸堆笑的样子让林晶非常看不上眼，觉得她简直就是一个没原则、没能力的人。还有那个研发部经理，小小的中专生，不知道当初是怎么混进这个大公司的。

公司是做医疗器械生意的，代理着德国的一个品牌，另外还有自己的研发部，有自己的生产基地和国内品牌。

公司有个销售员李强，业绩很好，是公司的销售骨干。但是，李强就是牛气，经常在会上顶撞老总，还一个劲地缠着老总要求提高销售提成的比例，弄得老总烦不胜烦。老总一般是不想和李强说话的，一有问题就直接推给销售经理："你去和你们部门经理说去吧！"

一天，林晶去老总办公室汇报工作，李强也在。李强居然厚着脸皮问老总："你说说，我这样的人才怎么就不可以当销售部经理？"而老总却顾左右而言他，一见林晶，立刻如见救星一般，赶忙问有什么事情，把李强冷在一边。李强心理素质真高，立刻笑嘻嘻地起身走了。林晶对李强充满了鄙夷，觉得他居然伸手向领导要官，真是脸皮厚。以后见了李强，林晶冷着脸爱理不理的。

## 二

林晶工作上公事公办，一般称呼人是直呼其名，当然，老总和副总以及自己的顶头上司除外。

公司的工资是根据考勤以及奖罚等，先由人力资源部做好工资表，然后交给财务部核对，再去银行打进各人的卡里。

做工资表是林晶的分内工作。

一天，李强过来质问林晶他的工资怎么少了？林晶核对了半天，发现少了一块钱，就是因为这一块钱，李强盯着自己核对了半天，耽搁了她很多工作。林晶忍不住发牢骚，说道："才一元钱，就盯住不放，真是个神经病！"李强一下子就火了，拍着桌子大发脾气："别说一元钱，就是一角钱，也是我的血汗钱，你也得给我算明白！你自己工作失误，还有脸指责我？"弄得好多人都朝这看，林晶的脸一下子涨得通红！

李强问人力资源部经理："你这招人是怎么招的？怎么啥样的人都招？不认真工作的人居然可以理直气壮的！"林晶在心里愤怒地想：你一个小小的业务员，有什么资格这样和部门经理说话？可气的是人力资源部的经理也真是个软骨头，还一个劲地用好话安慰李强，真是没水平！

林晶再和李强见面的时候，两人就眼瞪眼，谁也不说话，有点仇人相见的意思了。林晶觉得李强真是小气，连一元钱都要算计半天。但是，让她迷惑的是，说李强小气吧，他对待其他的同事倒是很大方，经常中午请大家吃饭，他的口头禅就是：不就是吃个饭吗？你说说，今天去吃谁？"去吃谁"的意思就是去附近的哪家饭店吃。李强这么说，无非是显得自己很牛很不在乎钱！林晶觉得这样的人真是肤浅，就会油腔滑调！

## 三

公司是家族企业，老总的妻子任副总，主管公司的人力资源和财务。老总的妻子姓陈，和林晶是老乡。陈总像大多数女人一样，喜欢唠叨，更愿意和老乡林晶唠叨。林晶很喜欢听陈总和她说知心话，觉得如果成了领导的心腹，那么，以后在单位就前途光明了。

从副总的意思中，林晶知道老总其实早就对李强不满了，只是一直没找到合适的机会让他走人。林晶听了后，禁不住暗自喜欢，心想：以后有机会就把李强赶走，省得让自己在公司里看了闹心。

这个时候，林晶在内心逐渐淡化了自己是试用员工的身份，觉得自己的转正只是个时间和手续的问题。凭自己的学历、自己与副总的关系，转正算什么呢？

不久，一次员工会议上，李强当众质疑，说别的公司的销售额上不封顶，但是，咱们公司做完个人四百万的任务后，上面就封顶了，四百万内的按百分之五提成，四百万以外的居然按百分之一提成，这太不合理了！有李强这出头鸟，其他的销售员也都随声附和，就连销售部经理，也态度暧昧地不说话，弄得老总特别被动。

这次会议后，老总就痛下决心：把李强拿下，让他走人。

这个信息是副总私下里聊天告诉林晶的。第二天中午，在公司附近的饭馆吃饭的时候，林晶控制不住内心的激动，偷偷地把这个消息告诉了单位的两个同事，没想到的是，经过她们的传播，这个消息很快在单位里散播开了。

当天晚上，在外出差的李强就打电话质问林晶："你什么意思？是不是巴不得我赶紧从单位里离职？"林晶赶紧否认自己说过与此有关的话。李强不再说什么，挂了电话，林晶暗暗庆幸自己轻松搞定李强。

55

没想到，一个星期后，出差刚回来的李强直接找到老总，问老总是不是想开除自己，老总觉得莫名其妙："没有这事啊！"李强就说："那我在外面出差卖命跑业务，怎么单位里盛传我要被公司解雇了呢？这是两个同事亲耳听林晶说的！"老总于是就把那两个员工叫到办公室，结果，这两个人都说是林晶亲口说的。

李强是个聪明的人，知道林晶之所以敢那么说，肯定不是空穴来风。他做好了辞职的一切准备，并且和客户约定，没有他的通知，欠的货款不能打来。

然后李强就跳槽到了另家医疗器械公司。李强在业界是个名人，好多公司都想挖他这个销售骨干。他这一跳槽，一下子就成了林晶他们公司的有力的竞争对手，很多招标都被李强抢走了。以前没跳槽的时候，李强为公司做了很大的贡献，现在跳走了，成了最致命的对手！老总特别郁闷。

更让老总恼火的是，李强销售出去的很多货款，迟迟不能回款，公司催款，这些单位总是找种种借口拖着不打款。老总没办法，亲自打电话催李强，李强却说他的销售提成还没算清呢，四百万的销售额按百分之五提，那么，超出的部分，为什么按百分之一提？老总说是公司规定，李强就讽刺说那是霸王条款。

外面欠了一千多万的货款，老板害怕这最终成为死账，于是，他答应李强，只要把货款都要回来，销售任务超出的部分，也按百分之五提。李强坚持让老总签书面协议，老总没办法，只得签署了书面协议。很快，那一千多万的回款到了公司的账上。李强拿到了六十多万元的补偿提成，潇洒离去。

李强是这个公司的元老，公司刚成立的时候就在这公司干，已经干了十六年。对于做业务，李强很有自己的诀窍，全公司每年八千多万元的销售额，李强自己就能做到三千万左右，年年都是公司的销售冠军。如果不是李强居功自傲，常和老总谈这条件谈那条件的，李强早就被提拔重用了。

公司元老、销售冠军最后落了个被公司扫地出门的下场，销售部的其他人员一下子情绪低落起来，感觉在这公司里特别没意思。老总见状，又

56

是提高他们的出差补助，又是提高他们的底薪，还多次请他们下饭馆、喝酒交心，好一番安抚，那些员工的情绪才算暂时稳定下来。

# 四

李强的跳槽，老总是最大的输家，既丢了全公司最牛的销售冠军，又破财乱了军心！老总暴怒之下，立刻通知林晶走人！

林晶很不服气：虽然消息是她捅出去的，但是，那不是副总的意思吗？不是你家老婆的意思吗？

林晶就找副总，希望副总能为她说句公道话，她话刚一出口，副总就怒气冲冲地说："我那只是发发牢骚而已，没想到你嘴巴那么快！把事情弄得一团糟！你是没长脑子，一个王牌销售员，我们怎么会轻易辞退他？"林晶一下子呆在那里。

林晶灰头灰脸地回到办公室，默默地收拾自己的东西。人力资源部经理看着，心里有点不好受，觉得林晶职场里的这个跟头摔得太惨了！见办公室里没有其他人，她悄声对林晶说："你刚来不久，根本就不知道公司的深浅！不要被一些表面的现象所蒙蔽。研发部经理，不错，是中专毕业，但是人家 17 岁中专毕业后就开始工作了，现在 33 岁，已经工作十六年了，人家工作勤奋、喜欢钻研，在医疗器械方面有着多项自己的专利；财务部的主管，虽然是大专学历，但是，人家业务精通，是从一家银行的科长位置上辞职过来的，光'合理避税'这块，每年就给公司节省了很多钱；还有那李强，哪一年不为公司创好几百万元的利润？人家本事大脾气大，也属于正常！我不明白，你怎么平时就看不起大伙，结果，大伙也故意为难你，好多人到老总那告你的状，说你能力没有脾气倒是不小！李强找你核对一元钱，人家还真缺那一元钱啊？他就认为你很牛，故意和你过不去的……"林晶越听脸越烫！是的，自己一个试用期中的新人，一个还没给公司作出什么贡献的人，怎么就把这些公司的功臣们得罪了呢？走出公司的大门，林晶也想明白了：她要在第二份工作中，勤奋工作、低调做人，她只是个没有任何工作经验的青果子，职场上的很多学问，她还是一无所

57

知，她太需要沉下心学习职场中的为人处世了。

在职场中，大家只看业绩！职场英雄，是不问出处的。她边走边默默地想。

## 第2节　黑奶牛的牛奶也是白色的

我姑妈家小表弟由于天生的小儿麻痹症，从小到大，必须借助单拐才能够行走。读小学时，因为他家离学校比较远，表弟主要靠姑父骑人力三轮车接送，他不能像其他同龄小伙伴一样结伴步行上学和放学，更不能够像同龄小朋友那样在学校操场上奔跑。上小学后，表弟比以前更自卑了。

小表弟总觉得自己身体残疾，处处都不能和正常的孩子相比，因此学习上也打不起精神，成绩在班级倒数，这更是惹得别人嘲笑他："不但身体残疾，大脑也不够使！"表弟听了这些话后，除了愤怒外，就是深深的自卑自弃。

姑妈家住在郊区，姑父以前在国企上班，后来单位效益不好，单位给了姑父几万元，算是"买断"了姑父的工龄。开始自谋职业的姑父决定发展家庭养殖，他用买断工龄的几万元再加上向亲朋借了一些钱，买了十几头奶牛，在家办了个小型奶牛场。

这十几头奶牛绝大多数都是黑白相间的，也就是我们平时说的花奶牛，只有一头奶牛浑身上下是黑色，在这群花奶牛中非常显眼。姑妈周围那些邻居家的孩子们聚拢在这个小奶牛场，对这头黑奶牛指指点点地嘲讽，都觉得这个黑色奶牛长得太另类、太难看了，当时小表弟也在这群孩子中间，他也觉得这个黑奶牛长得真是丢人，破坏了这群奶牛的"整体美"。姑妈对这群孩子嘲笑黑奶牛非常生气，她专门拿个大塑料桶去给这个黑奶牛挤奶，然后把大半桶好几十斤重的牛奶拎到孩子们面前："这头奶牛虽然全身都是黑的，但是它的牛奶还不是纯白的？和那些花奶牛的奶有什么区别吗？"那些孩子看看桶里的牛奶，面面相觑后，悄悄地溜走了，因为他们觉得这头奶牛不应该受到嘲笑，因为它产的牛奶和其他花奶牛产的牛奶没有任何区别，一点不比那些花奶牛差。

从此，这些邻家孩子再也不成群结伴地来观看黑奶牛嘲笑黑奶牛了。小伙伴们对黑奶牛态度的改变，对我表弟内心产生了很大的震撼。他领悟到，如果取得或者超过正常人那样的成绩，他一样也可以获得大家的理解和尊敬。

从此，小表弟像换个人似的，学习一下子变得非常勤奋起来，很快变成了尖子生，小学毕业后考入了市重点中学。高考后，考入了省城的一所重点理工科大学。想到身体状况，估计以后不好就业，于是，表弟读大学的时候，利用暑假在省城报名参加了一所汽车维修培训学校，培训学校根据表弟还是在校大学生的实际情况，允许表弟暑假结束后，把没有学完的课程调到下个学年的暑假学习。

表弟利用大一、大二两个暑假，学完了汽修培训。大三时，表弟利用课余时间去附近的一个汽车维修厂打工，表弟打工很特别，就是不要一分钱工资，就当是实习。虽说是实习，但是，表弟总是尽量争取更多的修车机会。开始的时候，是在修车厂师傅的指导下修车，因为之前在汽车培训学校接受过正规培训，又在汽车修理厂的实践中受过经验丰富的大师傅的指点，三个月后，表弟就能独当一面单独修车了。表弟利用业余时间打了一年工后，大四的时候，基本上没有课，学生们都可以提前找工作了。表弟这个时候已经是非常熟练的维修工了，国产轿车以及进口轿车都能修得又快又好。当表弟提出要辞职时，老板立即"结束"表弟的"实习"，把表弟转为正式员工，每月工资八千元，并且包吃住。

在这个维修厂干了两年，表弟自己创业开了个维修厂。三年过去了，如今，表弟已经靠自己的努力在省城买了住房。另外，以前租用的汽修厂所在的门面房，表弟也交了首付，以按揭的方式买了下来。表弟说，他有信心在五年内还清购买门面房的余款。

在大学生就业形势比较严峻的今天，表弟能在事业上取得这样的成绩更显珍贵。表弟之所以能取得现在的成绩，就是得益于舅妈当初的那句"黑奶牛的牛奶也是白色的"，使得表弟坚信自己：只要争气，残疾人取得的成绩也是优异的！

表弟用自己的行动为自己当初的信念做出了最好的诠释。

## 第3节　心伤志不残

首先声明一下，我这题目中没有错别字，"心伤志不残"，是我一个如今写文章比较牛的朋友说的。

我的这个朋友业余时间喜欢写文章，每天上下班的公交车上，就坐在座位上，把笔记本电脑垫在腿上写稿子，回到家后，简单地吃完饭，就继续写。因为她是写字楼里的公司职员，上班的时候就是坐在电脑前工作，大城市上班路途又远又容易堵车，所以，她每天上下班要坐几个小时的公交车。回到家，又是伏案写稿，算一算，一天得有十六七个小时是坐着的，所以，她的脊椎很疼，腰也非常酸。后来她想了个办法，在家写稿子的时候，就不坐了，而是用两本大辞典把笔记本电脑垫高，然后站着写稿子，每天晚上一站就是几个小时。有的时候，困得站着就睡着了，但是为了赶稿子，她就坐下趴在桌子上休息一会，然后继续站起来写稿子。

她就是在这样的环境下写出稿子的。因为不是名写手，她投出的稿子，开始的时候，总是很受冷遇。给一个杂志写稿子，跟了一个编辑，为了叙述方便，我们暂且称呼这个编辑为甲编辑。朋友每次给稿子，甲编辑都说送审，但是每次都没有结果，给甲编辑的稿子都是不了了之。后来，朋友鼓起勇气问甲编辑送审结果，甲编辑在 QQ 上很"抱歉"地说："呵呵，不好意思，送审了，没有过"。既然送审了，没有过，那就继续努力，朋友就更加勤奋地写稿子。但是，依然是很"抱歉"地没有过。朋友请甲编辑帮助分析她的稿子问题出在哪里呢？甲编辑要么说忙，要么不吭声，问题到底出在哪里呢？她苦苦思索着自己找问题。某一天，朋友的脑子灵光一闪，她自己都吓了一跳："这一年多来，甲编辑会不会从来没有给自己送审过稿子呢？"她被自己的这个想法折磨得很难受，但是又没有办法考证。后来，朋友在这个杂志换了个编辑，试探性地给了一篇以前给甲编辑送过的稿子。给过后，朋友心里悬悬得很难受：万一甲编辑以前送审过，二审或者三审的领导会批评乙编辑："这个稿子以前就送审过，没有过，你怎么还送审？"如果这样，那不是甲、乙两个编辑都会怪罪于她？朋友在不安中度过了大约半个月，终于等到了这个稿子过了终审的好消息。朋友心里有底了：自己的猜测没有错，因为自己没有名气，甲编辑根本就没有认真地看过自己的稿子，并且从来没有送审过。于是，朋友以后就把以前给甲编辑的稿子依次给了乙编辑，结果这些稿子先后都在这家杂志发表了，很多还被《读者》、《青年文摘》等文摘名刊选用。

这就是一个朋友当初作为一个写文章的新人遇到的挫折。但是，这还不算离谱的，离谱的是朋友有次给另外一个杂志写稿子，在 QQ 上向编辑要编辑部的电话，以方便以后和对方交流稿件。对方在 QQ 上回答："我的博客上有我的电话。"然后又问："你有我的博客吗？"朋友如实告诉："没有，但是应该能百度到。"然后，朋友说："你在此告诉我电话号码，不是更便捷吗？"对方才不情愿地告诉了座机号码。然后又补充："我现在没有时间，有事情你就直接留言。"就这还不算，又冷冰冰地说道："编辑是为大家服务的，不是为个人服务的。"这话从道理上说是对的，而且如果出自一个上稿很多的大牌编辑口中，也是可以理解的，但是，朋友有对方的杂志，她专门翻找出来查看，发现这个编辑上稿量并不好啊，每期也就上一两篇，远远达不到这个杂志编辑的平均上稿量。朋友非常郁闷：就是这样业绩不好的编辑，说话还如此的牛，不就是欺负我是个写稿新手吗？如果面对的是个名写手，你还会这么冷冰冰、义正词严吗？

本来工作压力就很大了，为了爱好，朋友身心疲惫地写着稿子，但是，辛苦写出的稿子，总是这样地受到冷遇，很多时候，她想放弃，觉得自己这是何必呢？正常地上下班，然后正常地看电视、休息，多好啊？好在每次遇到打击后，朋友虽然内心比较受伤，但是，她会及时调整好心态，为了写作爱好，她依然咬牙坚持着。朋友在电脑屏幕上设置了"心伤志不残"五个字，算是自勉。

好个"心伤志不残"！靠着这样的自我勉励，朋友现在终于成为了期刊著名的写手，去年一口气出了四本书，另外，一部长篇小说也和出版社签约了。

不管在哪个行业拼搏，未成名、未成气候前，总是受到百般的冷遇和磨难，内心总是很受煎熬，很受打击。虽然心伤了，但是只要保持住"心伤志不残"的斗志，只要以更加努力的姿态勇往直前，那么，最终收获的肯定是成功和喜悦。

## 第4节　没有"增高鞋"也无妨

前阶段，我电话通知一个求职者梁欣："恭喜您通过了我们的面试，欢迎您来我们公司进行三个月的试用，试用期内月薪四千。明天您就可以过来上班。"

我原来以为这个刚刚大学毕业的本科生梁欣听到通知后会是欣喜万分，毕竟我们公司是当地的一家大公司，福利待遇还都不错。没有想到，梁欣沉默了一会，非常不服气地对我说："我和赵玲玲是一个班的同学，她试用期工资是五千，我的也必须是五千！"电话里听到梁欣为这一千元的差距和公司较劲，我心里暗暗叹息她太幼稚。

我是公司人力资源部经理，为公司招聘新员工是我本职工作中的一项内容。我们公司是好几位股东共同投资办的，公司的三老板沈总当初直接向我推荐赵玲玲，既然是老板直接推荐的，我很快就安排面试，过场走完后，我向沈总汇报："赵玲玲很不错，已经通过了面试，试用期工资怎么给？"沈总当时笑眯眯地想了想："那就给五千吧！"这明显超过我们的惯例。但是，既然老板这么指示，我这个下属只能执行就是。

赵玲玲很快就到我们公司上班，小姑娘还是没有城府，上班第一天就跑到我办公室里和我聊天："沈叔叔（沈总）是我爸爸在部队时候的战友。"

一切合情合理，我心头释然。

赵玲玲为了不让同学怀疑她的"实力"，估计她没有把沈总的这层私人关系告诉给同学。见赵玲玲试用期的待遇这么好，很快，她的一些同学就把求职简历发到我们公司的招聘信箱。通过筛选，我选中了梁欣，并且她也顺利地通过了面试。

梁欣一直在强调和赵玲玲是同学，进公司时候的工资起点应该一般高，但是，她就不明白人家赵玲玲有沈总这个后台！当然，我也不能把这个事情明说，我只能告诉："试用期工资不是我说了算，公司只能给你四千，其实，四千已经很不错了，如果努力工作，通过试用期后，公司肯定会给你加薪的！"梁欣冷冷地说道："我觉得没有必要考虑了，要么试用期五千，要么我放弃这个机会。"话说到这个份上了，我只能对梁欣说："非常遗憾我们不能成为同事，祝愿你早日找到更好的工作。"

很快，我就招聘到另外一个新人，新人第二天就到公司上班了。

半个月后，梁欣打电话给我："我现在想通了，试用期四千就四千吧，我愿意去你们那工作。"我只得惋惜地告诉她："实在对不起，我们已经招聘别人了，近阶段不需要再招人。"对方大吃一惊，然后在电话里反复要求"再给我一次机会！"我只能无奈地表示："我不是老板，我没有额外招人的特权，我只能按照公司的程序来，如果过阶段我们缺人，我可以优先考虑你……"后来，她非常沮丧地挂了电话。

职场中，像梁欣这样的求职者不少，处处和别人攀比，处处要求公平，要求起点相同。问题是，进入职场的一些幸运者脚下垫有砖头，起点就是比你高，你能有什么办法？最好的办法就是平静地接受现实，然后在职场中勤奋工作，只要有了职场机会，靠自己的本事还是能获得涨薪以及职场升迁的。

每个求职者都应该珍惜自己来之不易的职场机会，不要把眼睛紧紧盯着别人的"高起点"，应该考虑到别人的职场起点高是因为穿了职场"增高鞋"。就像赵玲玲，我们公司的三老板是她父亲的战友，就凭这一点，人家就可以在职场中"增高"。

不要盲目地和别人攀比，找到工作自然就有了展示自己能力的职场平台！不要光盯着"起点"，珍惜机会，勤奋工作，让自己的工作能力使得

63

自己由"低"者转变为居"高"者，才是职场上的生存和发展之道。

## 第5节　别把职场上昔日的"辉煌"当成"搽脸粉"

朱彤大学毕业后就开始做销售，如今已经10年了。

朱彤干销售员的前几年，非常能吃苦，并且很有恒心，按照网上搜索到的全国范围内相关企业的名单以及对应电话，朱彤每天在公司内就是打电话向对方推销公司的安全防护产品。

安全防护品这个行业面对的顾客主要是钢铁、矿山、石油、化工等实力雄厚的大型企业，往往一单生意的合同额就能达到几百万。

那些年，朱彤持之以恒的电话销售策略很有成效。一些企业正在计划应对上级主管部门即将开始的"安全生产检查"，于是想紧急订购一批防护产品，这个时候，朱彤的电话正好赶到，于是，双方一拍即合，很快就签订了合同。

另外，一些企业与自己的固定供货公司发生了矛盾，一生气，于是就想换家公司采购安全防护产品，这个时候，朱彤打来电话，真是瞌睡的时候遇到了枕头，双方很快谈妥，于是，一单大合同很快签订了。

朱彤最初进入这个行业的时候，没有任何一个客户，销售业绩都是靠打电话打出来的。连续五年，她的销售业绩都保持第一。

后来，因为怀孕生孩子，再加上在家带孩子，朱彤离开职场三年。

朱彤重返职场，重新找了个公司干销售后，她发现一切都变了：因为自己在家生孩子、带孩子的这几年，她疏于和以前那些客户联系，几乎所有的客户都已经流失掉，都被别的公司甚至是自己以前的同事给联系上了，成为他们的客户了。

学习如逆水行舟，不进则退。职场上更是如此，仅仅三年，朱彤这样的销售高手就被打回了"原处"，几乎需要从"零"开始，这让朱彤非常郁闷和不甘。为了不让新同事轻视自己，于是，朱彤每天总是喋喋不休地讲述自己当初光辉的销售业绩。每个合同额，她都记得清清楚楚，用可观的销售提成买房子花了多少钱，买车花了多少钱等，没有人询问她，她也主动和大家说得非常详细。开始的时候，大家还附和几声，"惊叹"她居然是个销售行业里的牛人，但是，朱彤在公司里把当年的"辉煌"啰嗦久了，大家就不附和了，有的人甚至表现出非常厌倦的情绪，这让朱彤非常尴尬。

朱彤重返职场后的销售业绩非常不理想，再加上领导以及新同事对自己的日益冷淡，工作得很不开心的朱彤很快就跳槽了。

跳槽到另外一个同行业的公司后，朱彤为了让别人高看她一眼，依然像复读机一样，又把自己以前的成绩非常详细地复读了一遍又一遍，换取同事最初心口不一的"惊叹"，然后"惊叹"变成了"沉默"，再后来，"沉默"变成了"厌倦"表情甚至是"冷嘲热讽"："你说那些多年前的事情有用吗？公司是以现在的业绩给你发工资发销售提成，以前的那些能给你现在带来什么？再说了，你说的是真是假，我们也不知道，就是真的又如何？以前相关的企业少，竞争不大，销售难度比现在小很多……"。听到类似的冷嘲热讽，朱彤总是在心里暗骂他们是"狗眼看人低"。

职场上，像朱彤这样的人不少，他们总是活在曾经的工作业绩"辉煌"中，不断在自己跳槽后的新单位向新同事大肆宣讲自己的"当初"。大家工作都很忙，谁也没有闲心听你吹嘘"过去"。客气点的，对于你的"吹嘘"附和两句，或者采取沉默态度。不客气的，立马就会反驳你，就会冷嘲热讽你，弄得你灰溜溜的感觉非常无趣，很影响你和新同事的团结。更重要的是，领导见你业绩不好还整天唾沫星子乱飞地在讲"往昔岁月"，领导会非常反感，觉得你就是个夸夸其谈的平庸之辈，给领导留下这样的印象，以后在公司里还有什么前途？

职场上，不管是领导还是同事，大家认可的只是你现在的工作业绩和价值，想用以前的"辉煌"给当今的"平淡""搽粉抹油"是种非常幼稚的想法，大家不但不会高看你一眼，甚至把你看得更低了。职场中的每个阶段，都需要勤奋工作，都需要不断地创造出新的业绩，这样才能得到大家的认可。因此，聪明的职场人都会很低调地闷头工作，不会再提当年时候的"勇猛"。

## 第6节　没人在乎你开什么车到达目的地

张辉从一家名校毕业后，作为工科硕士，他很快被一家实力雄厚的公司聘用，进入公司研发部工作。

这个公司生产医疗器械，医疗器械对产品质量要求非常高，因为产品的质量和产品的精密度直接关系着病人的安危。

张辉进入公司后，非常瞧不起研发部经理马超。马超只是个中专生，但是，研发部的员工却都是名校的工科学士、硕士，甚至还有两个是博士。人才济济的研发部，马超一个中专生凭什么就能当上经理？这不相当于一只羊领导一群狮子吗？有天，张辉琢磨马超的名字，越琢磨越觉得可笑：马超，就是"凭着拍马溜须超过别人"的简称啊。他越想越觉得自己对这个名字的诠释非常幽默、非常入木三分。张辉禁不住把自己的研究心得偷偷告诉身边的同事。不过，这个同事倒没有觉得好笑，只是淡淡地看了张辉一眼，然后继续忙自己手中的工作，张辉碰了个软钉子。张辉郁闷地想：真是个木头，连一点幽默感，连点想象力都没有。他边这么想着，边懒洋洋地开始干自己手中的工作。

因为内心看不起马超，对于马超的任何指令，张辉都不放在心上。一天，部门晨会上，马超当众批评张辉工作态度消极，工作效率很低。张辉再也压抑不住自己了，年轻气盛的他重重地拍了下桌子说道："你别假充内行好不好？连大学都没有读过，你有什么资格教训别人？"张辉说完后，本来以为其他同事都会热烈响应，至少会面露幸灾乐祸的神色，因为他估计大家也会像他一样对低学历高职位的马超心怀不满的。让他纳闷的是，他的话说出后，大家居然都吃惊地盯着他，好像他是个疯子一般。

马超第一次被人在会议上当众顶撞，非常恼火，他一挥手："今天的会议到此为止，散会！大家各忙各的工作。"

老总也不知道从哪个渠道知道了张辉在会上顶撞部门经理的事情，老总把张辉叫到办公室，狠狠地批评了他一顿，然后说道："既然你觉得你这个名校的硕士很厉害，这样吧，你把真本事拿给我看看，为了更好地占领市场，咱们的一款产品需要改进，这项任务，你和马经理各自去完成，两个月后，你们分别把自己的技术攻关结果告诉我，谁的质量更好、更节省成本、更科学，就用谁的。"张辉听了后，精神一振，觉得自己大显身手的机会到了。

从当天开始，张辉不管是在公司还是下班后回家，甚至是周末在家的时候，他都在废寝忘食地攻关。让张辉头疼的是，他越研究越觉得问题不是当初自己想的那么简单，攻关的过程中，遇到很多意想不到的难题。翻开读书时候的教科书，上面只是泛泛地告诉了一个大方向，但是具体怎么解决难题，却需要研究人员灵活解决，这个时候，张辉才深深地意识到实践的重要性，经验的重要性！

两个月期限到了，张辉没有想出那款产品的改进方法，然而，马超却出色地完成了任务，样品生产出来后，经过相关部门的认证，很快就开始大批量地生产了。

张辉感觉非常羞愧。

老总再次私下里找张辉谈话："你工作有激情、有冲劲，这很好。但是，工作中一定要学会尊重领导、团结同事。是的，马经理是没有读过大学，他十七岁从中专毕业后就进入咱们公司上班，虽然他的年龄比你大不了几岁，但是，他已经整整工作了12年，是咱们公司的元老，公司任何产品的研发，他都立下不小的功劳。马经理是个非常爱学习的人，多年来，他一直坚持自学。前年，他还被公司派往德国进修了半年，回来后，技术更是精湛。"

最后，老总拍了拍张辉的肩膀，语重心长地说："年轻人，你一定要记住我这句话'只要按时到达目的地，没人在乎你开的是奥迪还是奥拓。'"张辉脸一下子涨得通红。

从此，张辉摆正了心态，心悦诚服地接受马超的领导，和同事也越来越团结，工作上，张辉进步很快。

职场上，只要有能力把工作完成好，没人在乎你是中专生还是博士生，就像只要按时到达目的地，没人在乎你开的是奥迪还是奥拓。张辉内心非常感激老总给他上的这堂课。张辉知道，这堂课会让自己受益终身。

## 第7节　漂泊在外的日子，你多久流一次泪

在大城市里漂泊打工，租房成本是比较高的。大学毕业后，我先是租在上海浦东的一个地下室里，六七个平方米的小房间，每月租金八百元，是我月薪的三分之一。地下室终年见不到阳光，比较潮湿，蟑螂排着队游逛，老鼠也不时大摇大摆地散步，而辛苦一天的我疲惫地坐在椅子上，懒得去管它们。

刚开始住地下室的时候，没有经验，忽略了阳光的美好和神奇，我的身上就出现了很多的红色痘痘，奇痒无比，医生告诉我这是长期生活在潮湿环境中所致，多晒晒太阳就好了。于是，在每个阳光明媚的周末，我都会出去晒太阳。

去年，父亲来上海出差，他想给我一个惊喜，到了上海后才给我打电话。以前，我在电话中把自己在上海的生活描述得非常好，说自己和单位的一个女同事合租了一个两居室的房子，厨卫具备，家具、电器齐全，父亲的突然到来让我措手不及。如果提前几天给我打招呼，我还可以借同事的房子应应急，但是，现在已经不可能了。周六的中午，我去车站接回父亲，把父亲带向"家"的路上，我越走心里越难受，步子像灌满铅一样沉重。父亲那天到了我租住的地下室后，他什么话都没有说，坐在椅子上埋着头狠狠地抽烟。

从地下室出来，父亲立即取消了在这个城市旅游几天的计划，办完公事后，父亲匆匆地回家了，父亲甚至没有提前告诉我他回家的时间和车次，他是不想让我请假去送他，不想让我影响工作。

父亲上了火车后，给我发了个手机短信："闺女，我回去了。你租那

68

样的房子，我无颜、无心旅游，我就是把家里的房子抵押出去贷款，也要给你凑齐首付的钱，让你住的房子里能看到阳光！主意已定，劝说无效，祝女儿生活开心。"看完父亲的短信，我的泪水汹涌而出，父亲高兴而来居然悲伤离去！父亲，女儿真是对不起您！

上星期，在下班的公交车上，不经意间，我看到旁边一个上班族模样女孩在默默地流泪，虽然她的头扭向窗外，但是，我依然能清晰地看到她忧郁的脸上滚落的泪珠。那一刻，我突然想起一个问题：漂泊时候，大家多久掉一次泪？

公司的一个同事，是个很阳光的男孩，很乐观，每天都乐呵呵的，我曾经非常羡慕他，觉得他心态真好，真阳光，从来不烦恼。

但是，有天晚上，我在家里看他博客的时候，我居然发现他半年的时候掉过两次眼泪。一次是半夜两点的时候，他还在加班，站在公司办公室阳台上，他伏在冰冷的栏杆上，望着夜幕下霓虹灯闪烁的城市，他流下了辛酸的泪水；另一次是在中秋节的晚上，他独自在冷清的出租房里一个人啃着干硬的月饼，想着远在家乡的父母，他突然把手中的月饼狠狠地摔在地上，然后掩面哭泣。

前段时间，我的一个大学同学给我打来电话，电话里，她哭得喘不过气，从她断断续续的倾诉中，我才明白，她母亲重病在老家，她一直想要回去看望母亲，但是，她的父亲怕她请假会影响工作，怕公司招聘新人顶她的暂时空缺，如果那样，她就会失去这来之不易的工作。在父亲苦口婆心地劝说下，她终于同意今年五月一日放假的时候再回家去看望母亲。但是，母亲却没有挺到五月一日，在四月十三号就病逝了。同学悲伤欲绝，她沉浸在没有看到母亲最后一面的深深自责中。拿着电话，我真的不知道怎么劝说我这个同学，我感觉非常心酸。

在面试失败后返回的路上；在没有度过试用期，黯然离开的瞬间；在频频搬家的无奈折腾中；在生病后躺在异乡的病床上；在思念亲人的难眠夜晚；在因为工作而没有及时看到亲人去世前的最后一面的悔恨里……每一个漂泊在外的人都有着自己的种种失意和伤痛，有着在人前压抑的伤悲

69

以及人后放声大哭的泪水……

每个辛勤漂泊的人流出的泪水，都会像甘露一样滴洒在人生奋斗的路上，这些泪水，使得很多的人变得更加坚强；这些泪水，能浇灌出很多漂泊的人事业成功所盛开的鲜花；这些泪水和漂泊人流出的汗水汇集在一起，共同浇灌出更加繁华的城市。

## 第8节　失败的最佳姿势

他是我家的一个邻居，三十多岁的年龄，因为做生意开饭店，除了一厚摞欠条外，没有任何的盈利。但是，厨师和服务员的工资是需要发的，房租和税收是需要交的，实在坚持不下去了，他的饭店终于关门了。

他的自尊心很强。读书的时候，读的一直都是好学校。工作后，分到一家大型国企做办公室主任，因为工厂走下坡路，他觉得与其等着倒闭，还不如自己提前自动辞职出去干点自己的事情。于是就借钱开了这么个饭店，没有想到，居然一出手就赔钱。

白天，他去一家私营企业做工人，晚上，他兼职做家教，给一些学生辅导功课，因为他高中的时候成绩还是非常不错的，高考后，考入了省城的一家重点大学。

因为他的处境不好，一个结婚成家的男人居然还像大学生一样带家教，知道他情况的学生家长比较轻视他，于是，家教的课时费给的也不高。他故作轻松地面对雇主的怠慢，每天认真地教自己的课，教完后，骑着那辆旧自行车回家。

开始的时候，妻子还埋怨他"没有经验就蛮干"、"真是个憨大胆"。这样唠唠叨叨的，作为邻居，说实在的，我都听烦了。但是，他居然从不反驳，也没有据理力争。他总是说："是我没有把生意干好，让你们娘俩受委屈了，真是对不起。"

他的这个态度终于让妻子不忍心再责备他了。家里又恢复了往日的平静和温馨。

　　每天他平静地上班，下班后回到家吃完晚饭，继续出去带家教，他连在街上吃碗面都不舍得。

　　他没有借酒浇愁，也没有用抽烟来燃烧惆怅。每天穿着洗得发白的衣服上班，见了邻居总是笑眯眯地主动热情打招呼。

　　他当初开饭店的那些钱，是邻居们借给他的，但是，大家看他这么镇静，每天辛苦地上班，辛苦地兼职，从来不乱花一分钱，大家知道他是有信心还钱的，于是，大家都不好意思催要欠款。什么时候还钱，随他自己计划吧。一个不颓废的人，是值得大家信任的。

　　人生失败不要紧，重要的是姿势漂亮。

　　他用自己的勤奋、踏实和诚信，赢得了大家的尊敬。这是我看到过的失败的最佳姿势。

## 第9节　不要乱动用义气的朋友

　　我一个姨家表哥，喜欢结交朋友，并且真心去与人家相处，一来二去的，也结识了几个铁杆朋友。表哥很为自己的这几个朋友自豪，动不动就炫耀这几个朋友是如何的义气，当然，主要是炫耀朋友对他的好。

　　表哥有个朋友在医院工作，是表哥高中时候的同学，交往多了，这个同学就成了表哥的铁杆朋友。

　　表哥家里一有什么事情，就找这个朋友。例如我表嫂不小心崴了脚，请这个同学帮忙，拍个 X 光透射。其实，这样的事情挂个普通的透射科门诊，然后按照挂号去做透射就行了，表哥却非得通过同学找他的同事医生帮忙"加塞"，于是，在第一时间内完成了透射。表哥的女儿面临中考，压力有些大，表哥就打电话咨询这个医生朋友，医生朋友费了一番周折，给他联系了一个有名气的心理医生。但是，表哥的孩子不愿意去，因为她现在的心情已经调整好了，她还觉得爸爸多事："我们班里谁的压力都大，又不是我一个，人家家长怎么没咨询医生？我看就你事多，是不是医院里有个朋友，不使唤人家就浪费啊？"说得表哥很是尴尬。

表哥的父母，也就是我的大姨和大姨夫，身体挺好的，去医院也就是做常规检查，还有我表嫂等，只要家里人有个伤风头疼的小病，都要去麻烦他这个朋友。我提醒过表哥："人家是外科医生，整天挺忙的，别动不动就为一点小事情麻烦人家，毕竟任何人的精力都是有限的。"

表哥听了我的话，边自豪地笑边摆手："没事，没事，我这个朋友很讲义气，自己兄弟一样！"表哥说的时候，甚至还打了个响指，为自己有铁杆朋友"罩着"能"吃得开"而得意。看表哥这么自信，我不好再说什么，心里暗暗叹气。

前阶段，大姨夫例行身体检查中，居然查出了严重胃溃疡，需要做手术。我表哥火急火燎地给他的医生朋友打电话，让他托关系找个最好的医生做手术。没想到，对方一口拒绝了："我哪有这么大的面子啊，我只是个普通的医生，又不是院长，我哪能请动人家啊？"表哥一听就急了："兄弟，咱们可是最好的朋友啊！你怎么着也得帮我想想办法啊。"对方说道："是的，咱们关系是不错，要不然，这么多年，我也不会给你帮那么多忙，是吧？"表哥一下子哑口无言了。

表哥想来想去，想到了这所医院的另外一个医生，不过，这个人只能算是熟人，彼此没有什么来往。表哥想试试运气，没想到打了电话，对方说："这个事情虽然有点难度，但是，兄弟你从来没找我帮过什么忙，你这是第一次开口，怎么着我也得帮你想办法。"

最后，在这个熟人的帮助下，大姨夫顺利地做了手术，外科一把刀的技术就是高，大姨夫的手术做得非常成功。

从表哥经历的事情中，我们可以感悟到，生活中，如果我们自己能做到的一些小事情，就尽量不要麻烦朋友。好朋友是张王牌，只有在最难的时候，只有我们自己没办法的时候，才能动用这样的王牌，如果这样的王牌用的次数多了，就不灵验了。

所以，珍惜那些来之不易的友情，轻易不要动用那些义气的朋友。

72

## 第 10 节　代替朋友致敬

我有个大学同学路萍，毕业后，在职场中如鱼得水。短短三年，她已经升职为一家著名大型民企的部门经理，这里面除了有她自身工作努力的因素外，她的人缘极好对她的升职也起着非常重要的作用。升职前的民意测试，她获得公司上上下下一致的好评。

路萍为人处世最大的优点就是真心为朋友着想，经常代替朋友致敬。

一次，路萍到我们单位找我有事情，我们站在办公室外不远的楼梯口说话，正好我们老总从我们面前的走廊经过，我赶紧分别介绍："这是我们陈总，这位是我大学的同学。"陈总微笑着点点头，算是和我同学打招呼，路萍非常客气地说道："陈总，您好，能够认识您非常高兴。我同学一直说您人非常好，既有领导魄力，同时又非常体恤下属，很有亲和力……"我心里有些发蒙了：我什么时候和她提过我们的老总？竟然胡说八道！不过，我们老总很喜欢路萍的"胡说八道"，他乐呵呵地说："小程(指我)就会瞎说，我没有她说的那么好，不过，我以后会努力的！你们慢慢聊。"

路萍帮助我间接地拍老总的马屁，效果非常好，老总以为我真的在朋友们面前夸他，于是很高兴，在单位每次见了面，他都对我都非常和气。老总和气了，作为员工心情自然好，工作起来很是愉快。非常感谢路萍间接地给我"提供"了这种良好的工作状态。

前两个月，我买的期房所在的小区开始陆续交房了，其实，这个小区开发商的后续工作还没有做好，合同上的交房日期到了，很多栋楼居然自来水还没有通！为了安抚业主，在开发商的授意下，已经驻扎进来的物业公司开始通知少部分的业主看房(少量自来水已经通的)。在业主论坛里，看到有人兴高采烈地说自己接到通知前去看房，我很羡慕也很焦急，于是在接下的那个周六，路萍应邀和我一起前去看房，我的意思是别人接到物业的通知,可以进屋里看房,我们自己去我家门外的过道上看看还不行吗?没有想到的是,到了我家所处的那栋楼后,竟然有专门的保安不让我这样没有接到通知而"自作主张"看房的人进楼,说是里面还在做一些扫尾工作,为了安全,不能随便让人进去。

我很生气,就找物业公司经理,质问他购房合同上写的交房期限已经到了,我为什么还不可以看看自己的房子?激烈地争执后,物业经理没有办法,问清我是什么户型后,他让一个工作人员带领我们去已经可以交房的某一栋楼去看。

问题得到了折中解决,我的气才算消去一些。

回去的路上,经过物业公司的时候,物业经理站在门口,路萍专门过去向他感谢:"我们进去看了,挺好的,谢谢您特意安排我们提前看啊!"物业经理听路萍这么说,很高兴。经理知道我是业主,就笑眯眯地冲我点头微笑致意,我心里也暖暖的。

回来的地铁上,我说道:"你以后又不住我们那个小区,你理那个物业经理干吗?"路萍说道:"虽然我不住那,但是,以后你会长期住那的啊,为了看房子,你和他吵了一架,吵架毕竟不是开心的事情,我担心你入住以后,有求于物业的时候,他会故意怠慢你,所以我就专门感谢他,希望能化解你们俩的矛盾啊。"我听了非常感动,没有想到路萍想得如此周到,这真是个非常贴心的朋友啊!

与路萍对比,我想起另外一个朋友。那个朋友也曾经到我单位找过我,在我们办公室,我还向我们的部门经理介绍过我朋友,部门经理表现得很大气,当时还和我朋友热情握手,然后部门经理有事情就去其他办公室了。

我们聊完事情后,我送她时,正好在门口迎面遇到部门经理,我朋友居然没有打招呼,直直地从部门经理身边走了过去,当时经理的脸就挂下了,弄得我很尴尬。半个多小时前经理还热情地握手,半小时后对经理不理睬,这样的表现肯定让人家心里很不爽,这种"很不爽"会影响到我,会连累得经理看我"不顺眼"。那几天,弄得我灰溜溜的,不知道如何弥补这个意外的过失。

　　我这个同学做事情与路萍差距非常大，路萍是处处为朋友着想，那个同学却是很自我，根本不为别人考虑。很快，我就疏远了这个同学。

　　人际交往中，处处为别人着想，处处代替别人致敬的人，都是非常值得用心交往的朋友。朋友能拥有这样的品质，是您的福分，更是她(他)自己的福分，因为她(他)用诚心待人处事，会结识越来越多的知心朋友，在知心朋友的真心帮助下，她(他)的人生路会越来越宽广，越来越平坦。

## 第11节　多粗的鱼竿钓多大的鱼

　　杜娟和程丽是一对表姐妹，杜鹃是姐姐，程丽是妹妹。她们俩是同龄人，杜娟比程丽大两个月。

　　两人大学毕业后，都要出去找工作，双方的父母不放心，就让她们两个结伴出去，为的是在外面互相有个照应。

　　两人都是普通大学的本科毕业生。到了北京后，在人才济济的京城，工作很难找，费了番周折，杜鹃在一家超市找了份收银员的工作，月薪一千二百元，根据当月的利润，每月还有着三百左右的奖金。

　　程丽心很高，不愿意去商场工作："如果当收银员，咱们干吗还费那个劲读大学啊？"杜鹃不为所动，继续在超市里认真地工作。杜鹃以前大学里学的是英语专业，现在大学毕业生一般都会些英语，杜鹃感觉自己的专业并没有竞争力，于是边工作边自学财会知识。又过了大半年，程丽依然没有找到工作，回到老家休整去了。但是，在老家待着也不是个长久的办法啊，再说，父母的唉声叹气也让她非常惭愧和压抑，于是，一个月后，她又来到了北京。

　　这个时候，杜鹃已经考取了会计员的职称，从收银员的位置上调到了超市的财务部工作。在杜鹃的劝说和帮助下，程丽也到了这家超市上班，做营业员，姐妹俩在偏远的郊区合租了一套一居室。

　　北京的房价很高，两人不断地搬家。有的时候，是因为房东的儿子结婚需要用房或者其他的原因不再外租，有时候，是因为房东要涨价，房东打的算盘是：重新找房子很费精力、搬家很费神，房客应该"委曲求全"接受涨价。可是，面对这无端的涨钱，两人都很郁闷，于是，继续找房子继续搬家。

搬家的时候，程丽怒气冲冲地说："以后找男朋友，没有房子的免谈。"杜鹃乐了："别把条件定得那么高，北京的房子这么贵，一般人可买不起，两个人过日子，感情好就行，租房也可以结婚啊！"程丽叹息说："杜鹃，你什么都好，就是胸无大志！不懂得放长线钓大鱼的道理，你以后千万别随随便便地把自己嫁了！"

这家超市属于连锁超市，北京总部下管辖着二十多家超市。因为工作敬业，杜鹃连续两年被评选为超市的优秀员工，后来被调到总部的财务部上班去了，工资涨到了三千多元。

到总部后，由于常常与一些生产厂家的销售员结算货款，杜鹃认识了一家饮料公司的销售员。小伙子出身农村，非常能吃苦，脑子灵活，人品也很正。两人互有好感，于是，谈起了恋爱。程丽知道后，连忙劝阻杜鹃："你真是神经啊！他一个销售员，整天跑来跑去累死累活的，挣的钱也不多，要找，也得找个大公司的白领啊，最好从中关村那边找学历高工资高的那种技术男！你一定要沉住气，放长线，才能钓到大鱼！"杜鹃笑了："你说得对，但是，想钓大鱼，得考虑下鱼竿够不够粗啊，就我这小细鱼竿，只能钓到小鱼！"然后开玩笑说："钓到小鱼后，精心喂养，养成大鱼，不是一个样嘛！"程丽气得直跺脚："现成的很多大鱼你不去钓，非得去钓个小鱼，真是笨死了！"杜鹃不以为然地笑了笑，没再说话。

杜鹃和销售员结婚了，为了图便宜，两人在离北京较近的河北廊坊的燕郊镇用按揭的方式买了房子。房子很不错，只是上下班路程远，辛苦了一点。两人都不怕吃苦，所以，房子远点，他们也很开心。

结婚后，老公考虑到以后还房贷、养孩子压力很大，于是跳槽去了一家销售安全防护产品的公司去做销售。安全防护设备的客户都是油田、矿山、石化、井架、钢铁、勘探等购买力非常强的大企业，如果做成一单合同，业绩就很可观。

拼搏两年后，老公挣了三十多万元的销售提成，不但还清了房贷，手头还剩余几万元。于是两人放心地生养孩子。

孩子满月后，杜鹃的婆婆帮助带着。杜鹃又回到公司上班，又过了两年，杜鹃夫妻以按揭的方式在北京通州区买了套面积虽然不大但是很实惠的二手房。他们把燕郊的房子租出去了。这下，上班就方便多了。

这个时候，程丽还是孤零零的一个人"漂"着，依然自己在外面租房住，并且还因为种种原因而时常搬家。这几年，她先后谈过几个条件好的男朋友，但是最后都是以男方"撤退"而告终。想着这几年自己钓大鱼的失败，她非常伤心。

钓鱼，首先得看看鱼竿的粗细程度，如果鱼竿没有足够的强度，即使钓到了，也没有本事把近在眼前的大鱼"捞"到手。人生最现实、最智慧的办法就是多粗的鱼竿钓多大的鱼，这样的务实态度才能赢得属于自己的幸福！

77

## 第12节　成功需要多长时间

1990年，我高考的时候，因为第一场语文考试中的作文写"跑题"了，估计作文得分为零！我的心一下子就慌了，在慌乱中，我接下来的几科全部发挥失常，原来有可能考上北京大学这样名校的我，在考场上"溃不成军"，结果只考上省内的一所两年制高中专。

中专毕业后，我来到北京打工。之所以选择北京，是因为北京是离我理想最近的地方，那里有着很多的外国人，我能够有更多的机会来学习英语口语，我想把英语学好，希望自己以后能有个好的前程。

我定下的目标是先生存再发展，最好能边生存边发展。为了练口语，我在一家星级宾馆当门童，为的就是有很多与外国人接触的机会，可以更多地练习英语。平时，只要外国人一下出租车，我就抢先去帮他(她)拎行李，为的就是能够多用英语说几句话。

但是，当门童基本上白天都是站在宾馆门口迎宾，太占用学习时间，一年后，我决定换个工作。

为了给自己找个比较好的学习环境，我到了一个小区做了保洁工。小区保洁工每天早晨要把小区打扫一遍，就是起来早而已，把自己的责任区清扫干净，这必须在早晨八点前清扫干净，八点以后，就算是下班了。虽然每个月工资不高，但是，充裕的学习时间很是让我满意。

保洁人员都是集中住，管吃，一个月工资八百元，但是，为了学习方便，我自己租了房子。我住的地方非常简朴，就在六里桥的一个地下室里，屋子里到处放的都是我的英语磁带以及英语电影碟片。

我在这个小区一口气干了三年的保洁工，物业人员很是看不起我，觉得我木呆呆的，有时候我能听到他们偷偷议论："年轻轻的不去学门手艺，当什么清洁工！一辈子就准备这样下去？"

一天早晨，一个外国人到前台打听一个单位的地址，面对这个英国人的反复询问，前台的两名物业人员面面相觑，不知道外国人说什么，三个人都着急得不得了。当时，我正拎着拖把干完活回来，于是，我就上前用英语告诉那个老外怎么走，那个老外非常感激，还用中国式的礼仪与我握手。

我英语说得很棒的事情在物业立即传开了。大家都说没想到那个小伙子还挺厉害，看来真是人不可貌相啊，以前同情我的眼神都变成了尊敬，大家对我比以前客气了很多。

这个小区里有个医疗器械公司，平时的客户都是中国人，但是，一个美国人居然找上门来，说看过他们的产品，质量非常好，也有价格优势，要与他们合作。老外的意思是我去了以后才弄明白的，当时，老总只是知道这个老外要与他们谈生意，但是，怎么谈，谈什么，却不明白。公司的大学毕业生是不少，老总找了很多人做翻译，但是，他们又是打手势又是搬词典的，都不行，因为不像日常对话，里面有着很多的专业术语。

正在老总准备打电话找翻译公司专业人员的时候，有个物业人员前去查看水表，见到这情况，就推荐我去。

那天，我把翻译工作做得很好。美国人迈克就是想做这个公司在美国的产品总代理，而且每次可以先把钱打进来，但是，必须给他优惠的价格以及准时发货，另外，还要求是到岸价。我把这些都翻译过去，虽然条件有点苛刻，但是毕竟是先付款，而且还是有相当利润的，他们谈了半天，下午又去了在怀柔的生产基地，我又忙着当翻译。

外国人做事情非常认真，一件生意要反复谈很多次，不像中国人在一起吃个饭，喝得高兴，就把合同在饭桌上签了。

谈了三个多星期，终于签了合同。老总非常高兴："没想到一个清洁工英语居然说得这么好！"签了合同后，老总给了我一万元的大红包。

老外做生意一般还是比较讲究信誉的。合同签过后，就把第一笔货款打到公司的账户上，第一笔就是七十万美元，弄得老总非常激动。我与老总一起把迈克送到飞机上，从机场回来后，老总就把我招到公司里当翻译，而且专门负责与迈克那边的沟通，月薪六千元。当翻译的间隙，我又学会了公文写作，后来，我就当了公司的办公室主任，然后是副总经理。

如今，我们的公司早已经在上海证券交易所上市。作为公司的副总经理，我年薪拿到了一百三十万。

人生是场马拉松，前期"跑"得好的人，未必以后就跑在前面。前期跑得不好的人，经过努力，也可以后来者居上。对此，我感触很深……

# 第四章

# 广交人缘还得自身硬

## 第1节 老板喜欢"万能员工"

半年前的一天上午刚下班，市场部文员赵佳燕准备出去吃饭。结果发现前台居然没有来上班(为了公司不进闲杂人员，平时前台在大家去吃饭的时候，她都是坚守岗位的)，询问人事部，才知道前台请了病假。赵佳燕知道公司很多同事都是大大咧咧的，中午出去吃饭的时候，办公室的门根本不关。担心小偷混进来作案，于是，赵佳燕就让一个同事帮忙带个盒饭，她自己坐在前台的位置上值班。

老总很忙，一般处理完自己手中的事情才出去吃午饭。他出去吃午饭的时候，下班已经二十多分钟了，员工们都出去吃饭了。老总的办公室在走廊深处，他路过公司各个部门办公室的时候，发现办公室几乎都是敞开的，里面空无一人。让他很奇怪的是，市场部的赵佳燕一个人坐在前台位置上。老板问道："你不吃饭，在这坐着干吗？"赵佳燕说道："今天前台请病假了，平时中午的时候，都是她在这守着，以免坏人混入咱们公司，总是大家吃饭回来后，她才出去吃饭。今天她没有来，我就替她值一会班吧，严防坏人混入！"老总笑了："你想得很周到，很好，不过，一定不要耽搁吃午饭啊！"说完，老总离开了。

公司在写字楼地下室的第二层租有仓库。当天下午下班的时候，赵佳燕走出写字楼大门，发现销售部的几个同事在大汗淋漓地从地下室往卡车上搬货物。赵佳燕感觉很奇怪："都下班了，你们还忙乎什么呢？"销售部的同事说道："刚才一个老客户紧急要一批货，我们这不是赶时间发货嘛，准备装好后去火车站走铁路货运！"赵佳燕说道："你们销售部十多个人呢，怎么就你这几号人当苦力？其他人呢？"销售部的同事说："近期销售部很忙，大多数人都出差了。"赵佳燕见销售部缺人手，于是就帮助搬运货物，一直忙到晚上八点钟才回家。

销售部经理很是过意不去，在申请加班费的名单上，写上了赵佳燕的名字。

加班费申请到了老总手里，老总感觉很奇怪："赵佳燕是市场部的员工，你们销售部加班，为什么给她申请加班费？"销售部经理把赵佳燕主动帮助销售部加班的事情向老总汇报了一遍。老总听后，说道："嗯，确实应该给。"然后，他很愉快地在这份加班申请单上签了字。

因为赵佳燕经常利用业余时间给其他部门的同事帮忙，于是，各部门都把她当成了"候补队员"，遇到难处都会求助于赵佳燕，而赵佳燕从不拒绝。

一个周末，人力资源部经理需要面试几十名求职者，由于是单个面试，因此，在面试的同时，公司要有个人招待其他的面试者以及维持面试秩序。但是，人力资源部经理手下唯一的一个兵——人事助理，正好在休婚假。想来想去，人力资源部经理就求助赵佳燕，赵佳燕爽快地答应了，并且把工作做得尽心尽责。

半个月前，公司的行政部主管调到一个分公司担任分公司经理，出人意料地，赵佳燕被调到行政部担任主管。赵佳燕很是忐忑不安，她找到老总："于总，我以前就是市场部的一个小文员，您这突然把我提拔为行政部的主管，我感觉胜任不了啊！"老总笑眯眯地说："小赵，你放心，我不会看错人的，是的，你以前是市场部的文员，你给自己定位很好，本职工作做得也很优秀。但是，我更看重的是你'补位'补得好，不管公司哪个部门缺人手，你都会积极主动地去帮忙'补位'，大大缓解了这些部门因为暂时缺少人手而造成的被动局面。你对公司这么有感情，这么有责任心，让我很感动。其实，行政部主管说白了就是一个公司的'管家'，我觉得你特别适合这个'管家'职务。"

于是，赵佳燕担任了行政部主管。

每个老板都很看重员工对公司的感情。当一个员工能处处为公司着想，当公司的一些部门因为种种原因而暂时缺乏人手的时候，员工能够利用业余时间积极主动地"补位"，这样的员工是很受领导欣赏和信任的。

职场中，仅仅给自己"定位"准确还远远不够，能够积极主动地"补位"，你在职场中才会拥有更加广阔的"进步"空间。

## 第2节 广交人缘还得自身硬

杨静和张荣是上海一家小型翻译公司的员工，她们俩都希望以后有去大公司工作的机会，希望自己在职场上前途无限。

张荣深知"多一个朋友多一条路"的道理，平时她广交朋友积攒自己的人脉。只要是公司的同事过生日，她都会主动积极地参加，并给人家送上一份体面的生日礼物；大学同学聚会，她更是每次都不落下，希望能够与同学的情谊"更上一层楼"；"老乡见老乡，两眼泪汪汪"，张荣想方设法地结识一些在上海工作的老乡，节假日经常拜望他们。时间久了，张荣还真是结识了一大批的朋友。

杨静和张荣有些区别，杨静平时低调行事，对待任何人都很礼貌，尽量不去树敌。同时，她勤奋地工作，每天晚上以及节假日，她都在家苦练自己的听力以及口语，即使是看电视娱乐，她收看的也是英文频道的节目。

短短半年，杨静的英语水平就有了大幅度的提高。一天，公司"冒险"接下一个国际性质的行业高峰论坛同声传译(在不打断演讲者说话的前提下，把对方的话直接翻译给听众)的生意。同声传译的压力很大，一般至少需要两个人组成一个小组，以方便会议期间轮流休息。杨静她们公司的老总具备同声传译的水平，但是，员工有没有达标的，老总也弄不准。老总已经做好最坏的打算：大不了高价从外面请一个人。

抱着侥幸的心理，老总开始对公司的员工进行测试。测试的结果让她大喜：自己的员工杨静完全具备同声传译的水平。

接下来，老总和杨静组成一个小组，开始紧张地准备会议资料。

在两人的共同努力下，那次行业高峰会议的同声传译任务完成得非常好。

这次同声传译的成功，为公司创造了上百万的可观利益。杨静不但得到了一个大红包，并且迅速得到了提升，被提拔为部门经理，工资从四千涨到了一万二，涨了整整两倍。从此，杨静高超的口译水平在行业内传播开去，一些公司开始前来挖杨静了，为了留下杨静这个大宝贝，老总把她的工资干脆提升到了两万元。

杨静边工作边在业余时间内提高自己的听力和口语水平。她在这家小公司又工作了两年，为了职场上的发展，她最终跳槽到一家大型翻译公司做了副总，年薪拿到了五十万元。

这边再说说张荣。由于她把业余时间和精力都用在结交人脉上，因此，她在结识了很多朋友的同时也造成了自己业务能力的停滞不前。一些在大型翻译公司工作的朋友想把张荣介绍到自己的公司内，但是因为张荣的业务能力太一般，朋友担心进了公司后不能够称职，从而引起老总的不满，只得遗憾地中止了帮助张荣的想法。张荣的朋友都承认张荣是个好人，但是，职场上是看重能力的地方，一个能力不够的好人并不能走远啊！

张荣和杨静的关系也很不错，后来，张荣干脆直接求助于杨静："咱姐俩关系这么好，你也拉我一把啊！"杨静遗憾地苦笑说："你为人很好，我也非常欣赏你。但是，你不知道，我们公司的门槛比较高，业务水平稍微欠佳的，根本进不来。我如果硬把你招进公司，老总肯定会认为我徇私，以后我在这里的日子也就不会好过！希望你也理解我的难处啊。"张荣黯然失色。

虽然人缘在职场上是很重要的，但是单方面的人缘好并不会对自己的职场发展推动太多。很多时候，即使有很多朋友想帮助你，但是，因为被帮助的人个人能力不够，在反复权衡后，朋友也只能遗憾地放弃帮助。

因此，职场上，不要过多地依赖人缘。与大家搞好关系的同时，也要注意提高自己的业务能力，职场中的人一定要清醒地认识到：广交人缘还得自身硬。

## 第3节　告别职场"低效率"

职场中，一些员工做事情效率很低，工作经常拖拉，惹得领导以及协助做某件工作的同事都不满意，觉得此员工的工作态度或者工作能力有问题，大大影响了此员工的职场发展。对于工作拖拉的人，老板自然不会把他(她)放在重要的工作位置上。

职场"拖拉症"的原因主要有三个方面：一、"工作热身"时间过长；二、"磨洋工"浪费时间和精力；三、工作上"胡子眉毛一把抓"。

针对不同的原因，下面有着具体的根治办法。

### "工作热身" 时间过长

职场上一些人到了上班时间，还不能够及时地进入工作状态，总是先干一些与工作无关的事情作为工作前的"过渡"和"热身"，等自己的一些无关紧要的私事忙完后，才进入工作状态，而这个时候，上班时间往往已经过了一个小时甚至更多。

一些上班族踩着钟点上班甚至是迟到后，还保持着平时的习惯进行上班前的"热身"：吃早餐，在网络上浏览当天的新闻、上 QQ 以及 MSN 进行一些私人聊天的回复，打开电子信箱，对一些私人信件进行回复，逛逛网店或者查看网店老板给自己的回复。然后喝一杯开水或者泡杯咖啡稳稳情绪，才进入工作状态。大城市的上班时间一般是"朝九晚五"，这么一"热身"，就"热身"到上午十点多了，上午的工作甚至是全天的工作都会受到影响，都不能保证及时地完成。

**职场小贴士：**

为了提高工作效率，就必须保证一定的工作时间。如果可以省略"工作热身"，那就必须省略。如果省略不了，那就应该把动身去上班的时间提前。提前到单位，利用上班前的时间浏览网页新闻，回复个人 QQ、MSN、电子信件等私事。上班时间到了以后，一定要停止热身，快速切入工作状态。

## "磨洋工"浪费时间和精力

一些员工上班的时候，喜欢与领导玩游击战术。领导在，就假装好好工作，摆着副一丝不苟的严肃工作表情偷偷地"磨洋工"：慢腾腾地工作，一会倒杯水，一会借着去卫生间的名义，在走廊或者电梯口溜达一会。即使坐在工作台前，也是捧着杯水盯着电脑上的工作文档大脑却在开小差。

领导不在的时候，这样的员工更是"如鱼得水"，肆无忌惮地混时间：煲电话粥、聊 QQ、逛网店，甚至是在电脑上看电影，更过分的居然还有偷偷溜出去品尝附近的著名小吃或者逛商场(下班前再溜回来)。在下班前的一个小时甚至半小时，才惊觉自己当天的工作还有很多没有做完，于是手忙脚乱去做。这样不但工作质量大打折扣，而且还不能够及时完成。这个时候，这类员工不但不知道检讨自己，而且还抱怨自己的工作量大。是的，八个小时的工作堆积到一个小时去做，当然工作量大了。为什么不检讨自己白白浪费的那些时间呢？

**职场小贴士：**

每天早晨到单位后，在台历或者面前的记事本上写上当天应该完成的工作,以提醒自己"重任在身,不得偷懒",不做与工作无关的事情。如果手中有几项工作需要做,就把每项工作分解到若干个工作时间段,严格遵守,那么,就能保质保量地完成当天的各项工作。

## 工作上"胡子眉毛一把抓"

一些人上班的时候虽然很忙,风风火火来去匆匆的,但是,他不仅不能够及时完成领导交代的工作,而且将手头非常紧急的工作也放之脑后。例如,我们公司销售部以前有位销售助理,明明手里有标书需要加急做(领导事先已经把做标书的工作交代给她了),但是,她一大早到单位,却忙着浇办公室内的花草,忙着打扫卫生。忙完这些事,她居然又主动跑到行政部为销售部领取了一大堆办公用品,然后一一发放给大家。见她如此逍遥,销售经理估计她把标书做好了,于是说道:"明天就要投标了,你把你做好的标书给我看看!"这个时候,销售助理惊呼自己"标书还没有做呢,我现在就做!"惹得部门经理以及准备参加投标的相关的同事都很恼火。销售助理自己非常委屈:我没有闲着啊,你们对我要求为什么这么苛刻?

这些觉得自己"比窦娥还冤"的员工,其实是不懂得工作上"抓大放小"、"抓急放缓"的道理。工作不分主次,稀里糊涂地瞎忙,忙得晕头转向的只能得到大家"工作效率低"、"工作拖拉"的指责和埋怨。

**职场小贴士:**

每个周末应该给自己下周的工作做个大致的规划:下周哪些领导交代的紧要的工作需要赶紧做完?哪些重要的工作需要抓紧?次要的工作应放在后面。

每天早晨到单位后,应该给自己的当天工作列个详细的具体实施计划,需要把哪些急需完成或者重要的工作优先做完。

## 第4节　别忘了向冷庙烧香

梅莉大学毕业后的第一份工作是公司前台，前台在任何公司里基本上是个最低薪的工作了。但是，梅莉却干得很认真，并且对同事很友好。

公司人力资源部经理李悦为了发展，辞职跳槽了。根据公司当初与员工签订的协议：必须提前一个月向公司提交辞职申请，以方便公司有足够的时间招聘接手的人员。

当人力资源部经理李悦提前一个月提出辞职后，平时在她眼前晃动的笑脸都不再笑了，有时候在公司走廊迎面遇到同事，对方以前都是热情地打招呼，甚至一些女同事还给予热情的拥抱，邀请自己中午的时候一起去附近饭馆吃饭。但是，现在连句话都懒得说了，甚至是懒得看一眼，走路的时候低着头。这让人力资源部经理非常寒心，真切地感受到了世态炎凉。

但是，梅莉依然对李悦很好。梅莉作为前台，她的工作岗位在公司的门口，李悦出来进去的都经过梅莉的面前，梅莉每次都会热情地冲她打招呼。有个周一早晨，梅莉发觉李悦的眼圈青青的，梅莉以开玩笑的口气关心道："李姐，你怎么弄得像熊猫眼？一看就是严重缺觉，是周末的时候通宵在网上看电视剧了吧？"李悦停住步，长叹口气："哪有时间和雅兴看电视剧啊，我妈不是胆结石在医院动手术了嘛，我这几天连续在医院看护我妈。前几天主要是我爸看护的，周末和晚上我才有时间看护，我家老爸也累得够呛。现在看来，家里有人住院，人手少了还真不行。"听完李悦的牢骚后，梅莉说道："是挺辛苦的，估计你这是直接从医院来上班的，在哪个医院啊，离单位远不远啊？"李悦又是叹息："怎么不远啊，单程就得一个小时，在市第二人民医院！"梅莉心里暗暗得意，因为她成功地"套出"了李悦母亲所住的医院。

下班后，梅莉坐车去了医院。她在附近的超市买了些营养品以及水果，然后给李悦打电话："李姐啊，我已经到了医院住院部大厅内，伯母在哪个楼层哪个病房啊？我过来看望看望伯母！"李悦听了很是意外，她这个时候才醒悟过来原来梅莉早晨是套她的话的，她心里暖呼呼的："哎呀，你怎么能这样啊，上班挺辛苦的还来看我妈，太感谢你了，我妈住的病房在……"

梅莉那天看完李悦的母亲后并没有走，而是坚持留下来陪护："我一个人住，回去也是一个人，还不如在这护理伯母呢，和你替班，这样你也可以多休息些时间。你这几天真是太累了，你看你这大眼圈，我看了都心疼！"这番实在话说得李悦非常感动，眼泪差点流了出来。

此后的一个星期，梅莉每天晚上下班后都去医院陪护李悦的母亲。一个已经上交辞职书即将离开公司的员工，一个大家都开始冷漠面对的员工，居然还有同事这么帮助自己，这种雪中送炭的情谊让李悦很难忘记。

李悦跳槽到一家大型民企担任人力资源部经理，随着企业的发展，人力资源部缺乏人手，老总让李悦再招聘一名下属，李悦就把梅莉的敬业精神和工作能力夸奖了一通，力荐梅莉过来，老板同意了。

于是，梅莉被李悦挖了过来，担任人事助理，薪资是以前的两倍。

又过了两年，因为工作成绩优异，李悦被老总提拔为副总，在李悦的建议下，老总提拔梅莉担任了人力资源部经理。月薪拿到了一万五，是以前当前台时候工资的五倍。

做人友善、不势利，冷灶照样认真"烧"的人，一般"运气"都不会差，因为那颗善良的心会为自己带来很多的帮助。

### 职场小贴士：

职场中，有个很不好的现象，那就是职场新人和即将离职的员工总是会受到挤兑和冷遇。在他们受到冷遇的时候你对他们好，这种好等于雪中送炭，这种真挚的情谊会让人非常难忘，在对方有能力帮助你的时候，一般都会伸出援助之手。

## 第5节　天是谁叫亮的

　　我以前在一家数码产品公司工作的时候，曾经有个名叫田标的同事，他是公司研发部的骨干。

　　数码产品更新换代很快，大家都想让自己的产品"标新立异"从而占领市场。我们公司的研发部就整天研究如何让公司的产品"更新"、"更尖端"、"功能更齐全"。

　　田标那时候刚从一家著名的工科院校硕士毕业，他与一个老乡在郊区合租的房子，离公司比较远，单程就得将近两个小时。

　　公司研发部那个时候正在研发一款新型数码相机，要求像素更高，感光度更灵敏，白平衡模式与微距离模式更精密……

　　当时这款新型数码相机一共需要解决五个技术难题，全研发部的人整天都是苦思冥想的，田标更是勤奋，为了节省上下班时间，他居然把毛毯(因为已经是春天了，晚上盖毛毯即可)带到了单位，晚上就睡在会议室的大长桌上。田刚那个时候不管在工作上还是生活上都有自知之明，他担心自己身上的气味以及被子上的气味弄得会议室的空气比较"味"，于是，每天早晨他起床后就在会议室里喷上花露水。他的毛毯就放在他办公桌的一个大抽屉里，毛毯上也喷上了花露水。

　　花露水的味道让大家知道了田标工作上的勤奋。

　　田标每天下班后就在电脑上查阅资料，周六周日就去国家图书馆或者首都图书馆查阅资料，他读硕士时有个同学在北京一所高校读博士，通过这个同学，田标找到了他们学校的一位相关的教授，这位学识渊博的教授给予了田标很大的帮助。

　　在田标的努力下，这款数码相机需要升级换代的五个技术难题都被他攻克了。这款产品投入市场后，为公司创造了很可观的经济效益。在公司例会上，老板当着大家的面，给田标发了六万元的大红包，并且还给了田标另外

89

一个福利：公司出钱在公司附近的小区里给田标租了个一居室。公司出钱给员工租房子，这是公司成立以来开天辟地第一回，老板对田标可谓是重用。

公司重奖了田标，为了田标工作上和生活上的便利，还给他在公司附近租了楼房，按道理说，田标应该更加努力工作才符合情理。事实上不是这样的，田标被老板表扬和嘉奖后，特别是公司破天荒给他租房后，田标开始飘飘然了，认为公司离不开他了，而且还经常以研发部的"首席研发员"自居，根本不把研发部经理放在眼里，经理有时候批评他几句，他就当众和经理顶嘴，弄得经理很是下不了台。老板知道这事后，就找田标谈话，很严肃地批评了他。自己立下汗马功劳居然还受老板批评，田标心里很不爽，当即表示自己要辞职。虽然他的本意并不是真的要辞职，他只是希望用"辞职"来"唤醒"老总对他的"青睐"，但是他想错了。老总听他要"辞职"后，并没有劝阻他，而是爽快地答应了："既然你提出辞职了，我也没有再批评你的必要了，你去人力资源部办理辞职手续去吧！"田标很是吃惊，他万万没有想到自己的"欲擒故纵"居然演砸了，于是，他只得垂头丧气地去办理离职手续……

田标走了，公司该怎么运营还怎么运营。田标已经辞职四年了，公司不但没有倒闭，反而发展壮大了，并且在去年成为了上市公司。

田标的故事让我想起了一个寓言：一个农民家里养了一只公鸡，公鸡很敬业，每天早晨按时打鸣，农民很喜爱这只公鸡，每天都给它梳理羽毛。农民家里的大鹅对公鸡说道："你每天早晨打鸣这么辛苦，每天都是你把天叫亮的，主人应该给你细粮吃，而不应该让你和我们一起吃粗粮啊！"公鸡心想："是啊，天都是我叫亮的，主人应该对我格外照顾才对！"于是，它主动找到主人，要求从此吃细粮。主人二话没说，就把它逮住了，当天就把这只公鸡杀掉炖肉吃了，第二天早晨，天依然照常亮了。

职场中，千万不要夸大个人的能力。一个公司，除了离不开老板外，其他人都能离开！老板之外的任何人离开，公司都不会因此倒闭，天更不会塌下来！因此，职场中，不管取得多好的业绩，保持清醒的头脑非常重要，千万不要误认为老板离不开你，这种想法对自己百害而无一利。

## 第6节　预防职场安乐死

大学毕业后，具有双学士学位的黄珊珊进入一家外企工作。外企主要是靠制度管人，就像一台庞大的机器，每个员工都像一个齿轮，大家遵守着公司制度，公司照常运转就行了。

黄珊珊大学里学的是英语专业，后来又选修了市场营销的课程，并且顺利地通过毕业考试，拿到了学位证书。

黄珊珊进入这家外企的时候干的是前台的工作，每天就是接接电话，接收或者发送单位的一些快递，给出差人员电话订订飞机票或者预订酒店。工作比较轻松，但是工资却不算低。第一年工资就拿到了每月五千多元，然后公司每年有次普涨，黄珊珊的工资每年都可以涨百分之十。

黄珊珊在这个前台位置上一口气干了六年，黄珊珊自己没有觉得不好意思，但是，行政总监觉得很过意不去了，觉得不能老让人家干前台，于是把她调到行政部做文员，专门负责公司的各种档案归档、管理、借阅等。这种工作很清闲，没有压力，黄珊珊经常耳朵上插着耳机边听音乐就边干这些简单的、机械的工作。谁借阅档案，签字后取走，到了该归还的时候如果没有归还，打个内线电话让对方前来归还即可。这种工作省心省力，黄珊珊对自己的这个工作岗位非常满意。

黄珊珊工作后的第七年结婚，第八年怀孕了。也就是第八年的时候，公司的效益不好，裁减了一批人，名单中就有黄珊珊，只是还没有通知到黄珊珊本人，她倒是兴冲冲地把她的一个喜讯通知了大家：她怀孕了。按照《劳动法》，孕妇是不能裁减的，如果裁减，必须赔偿两年的工资(怀孕期一年、哺乳期一年)。外企很重视名誉，他们视裁减孕妇为很不人道的事情，于是，人事部门悄悄地把黄珊珊的名字从裁减名单中划去了。

黄珊珊工作的第九年年初生下孩子。第十年年初，一年的哺乳期结束了，人事部门通知黄珊珊：公司解聘了她。这对黄珊珊来说简直就是晴天霹雳，她从来没有想到自己作为老员工会被辞退。

按照《劳动法》规定，公司给了黄珊珊一定的经济赔偿后，黄珊珊离开了工作十年的公司，然后走上了求职之路。

让黄珊珊想不到的是，之后两年间，她居然没有找到合适的工作。绝大多数是别人不要她，极少数时候是她拒绝对方，因为对方给的薪水太低了，只有两三千元，这让黄珊珊非常气恼：自己被公司解聘前，每个月的工资一万多元，自己怎么可能接受两三千元的工资？真是个羞辱！对方也看出了黄珊珊的心思，对方解释说："你以前虽然有着十年的外企工作经验，但是，从你的简历以及我们的背景调查得知，你这十年主要干的是前台以及档案管理，说实话，这两个工作岗位含金量都不高，一个刚毕业的大学生就能胜任，因此，我们不能给你过高的工资。"

黄珊珊找了两年工作都没有找到合适的，受到很大打击的她一怒之下干脆被动地回家当全职太太了，不想继续找工作了。

黄珊珊原来有双学位，她完全可以规划好自己的职场前景，可以对自己做一些挑战，换岗到公司市场部工作或者干脆辞职去翻译公司工作，这样的职位有含金量可以积累工作经验和工作资历，有利于自己职场的长期发展。可惜的是，她沉迷于自己职场上的安逸，不思进取，终于让自己在职场上在安乐中"死亡"——断送了职场前程。

古人云，生于忧患，死于安乐。虽然是对人生命运的描述，但是对于当今的职场，这句古话也很适用。

职场中，找准含金量比较高的岗位，不断地让自己进步，不断地积累自己的职场专业素质和能力，这样，才能永远不被职场淘汰。

## 第7节  别做"猪"一样的队友

两年前，我们公司一次重大投标的经历让我很是难忘。

那次投标的是个大项目，项目额有两千多万。我们公司提前一个月就开始准备了，总经理、副总经理以及销售部经理每天都会关紧会议室的门开秘密会议，主要就是研究这次投标到底有行业内的哪几家公司，每家公司能出多少价位。为了这次投标，整个销售部都被动员起来了，那些销售员被派出去当"探子"，就是想摸清楚到底是哪些公司去参加这次投标，这些探子其实也没有做出过分的事情，就是想办法了解各自熟悉的公司的那些销售员都在忙什么，都在什么地方出差。经过大家认真了解、分析，然后把这些信息汇总到老总这里，老总再和几位公司的重要领导关门研究。研究的结果是：可能有另外六家公司参加投标。再根据以往与这些公司同时竞标的经验仔细分析，然后确定了一个最低价。这个最低价是经过反复讨论和反复论证的，即保证比别的公司投标的报价低，又不能太低，毕竟我们公司还需要一定的利润。

研究来研究去，我们公司确定了一个报价。但是，即使这样，老板还是心里不踏实，于是便派销售部经理提前入住那家招标单位附近的宾馆，希望能打探到有价值的信息。

销售部经理还真没有白去，在请一家公司的销售员(这人就是来参加投标的)喝酒的时候，对方显然喝得有点多，不经意间表达了对这次竞标的悲观，说这次参加投标的公司都实力雄厚，大家都能"玩得起"。销售部经理把这个最新动态向老总电话汇报。老总当即决定标书要重新修改，公司的几百种系列产品的单价都需要下调。但是，因为第二天有个大客户要来公司参观，领导不能亲自送修改后的标书去投标地。公司的销售员们都出差在外，老总想了想，觉得销售部的助理郭杰可以坐飞机去送这个标书过去。

郭杰接到这个重要的任务后，就把标书放进自己的行李箱里，然后打电话告诉总经理，请他放心，标书放进行李箱了，第二天早晨就可以拎着直接坐出租车去机场，上午十点到机场，然后将标书送到销售部经理手中，不会影响下午投标。老总听郭杰这么说，很是欣慰，一颗心就放进了肚子里。

郭杰准时到了，行李箱也随身携带了，但是，当他兴冲冲地打开行李箱的时候，发现里面装的只是几件衣服，根本就没有标书。销售部经理当时就被雷住了，过了好一会，销售部经理才从震惊中缓过来，他问道："既然你口口声声说修改后的标书放在行李箱了，怎么不见了？"郭杰想了想，忽然捶胸顿足起来："箱子我拎错了，这样的箱子当初超市里大减价，我觉得划算，我买了俩，并且是一模一样的。现在我拎的这个箱子不是装修改好的标书那个。"

销售经理当即差点气崩溃，但是事已至此，销售部经理只能死马当做活马医，把先前带来的标书交了上去。

投标结果出来后，销售部经理差点气死：其余的六家企业都猜对了，就是他们提前预测的那六家，并且自己公司的价格比其中的五家都低，只有那个"前景悲观"的销售员所代表的公司出价比他们低，但是，根据重新修改后的结果，他们的标价比这家公司低了一万元。也就是说，如果那个修改后的标书带来，他们公司是肯定中标的。

消息传到公司，老板差点气吐血，同事们都很恼火，纷纷感叹："不怕狼一样的对手，就怕猪一样的队友！"因为郭杰犯了个很低级的错误，导致公司损失了一个两千多万销售额的大单。

虽然两个箱子一样，但是，这么重要的事情，郭杰临出发的时候应该检查一遍，而且在机场安全检查的时候，安检员就把箱子打开了，只是当时郭杰东张西望根本没有注意到箱子里并没有标书，如果那个时候发现标书没有带，给妻子打电话，妻子打出租车过来，时间还是绰绰有余的。

职场中，一些人犯很低级的错误，就是因为责任心不强。如果做事情能认真些、仔细些，如果责任心强些，怎么可能出现这样的低级错误？做事一定要认真谨慎，一定要有责任心，这样才能避免成为"猪"一样的队友，这样才能避免在职场上出现重大失误，这样才能不影响自己的职场前程。

# 第五章

## 远离悬崖的人更应该快乐

### 第1节　不要挑剔你的老板

　　我的大学同学孙婷，自从毕业，先后在三家公司工作过，每次见面，她总是无一例外地抨击自己的老板。

　　孙婷第一份工作是在一家软件公司做前台。这家软件公司的老总技术出身，老总的性格非常内向，不善于与人沟通。因为口才糟糕，参加过几次重要的商业谈判，全部谈砸！"老板一出手就得砸锅"成为公司内的一个笑谈！后来，一些重要的谈判以及行业内的一些重要会议，老总再也不敢亲自参加了，都是委派下署代替自己去。

　　孙婷以前和我感叹最多的就是"老总窝窝囊囊的太没有魄力了！"失望之下，她跳槽了。

　　第二家公司的老总是个四十余岁的女老板，一家名校毕业的工科硕士，刚开始的时候打工，有点积蓄后就开了个小公司，后来居然发展成年销售额几千万的大公司。

　　这个女老板如果对员工张三有意见，她会和员工李四说，对员工李四有意见，她会和员工赵五说。这么一来，员工们私下交流的时候，就知道女老板喜欢在背后议论员工。很多人一笑而过，觉得女老板工作压力大，利用聊天倾诉的方式缓解压力也很正常。但是，孙婷不这么看，她觉得一个大公司的老板怎么可以经常背后乱议论人？孙婷觉得在一个如此庸俗的

95

老板手下干很是憋气！于是，她又辞职了！

　　孙婷的第三家公司的老板特点是"小气"：老总的宝马车在路上遇到轻微的擦碰，去修车行维修，花了六十元钱。在老板的催促下，孙婷打电话给保险公司，要求理赔，因为金额太小，人家开始的时候根本不当回事，总是推辞。在老板的不断督促下，孙婷多次打电话和保险公司交涉这六十元的报销问题。后来，保险公司的具体经办人举手投降："我马上去你们单位，就是我个人掏腰包，也得把你们这六十元给了，要不然，我耳朵别想清静了！"

　　听完这个所谓能证明此老板"小气"的"经典笑话"后，我终于听得不耐烦了："这个老板欠过员工的工资没有？"孙婷老实回答："这个倒没有！"我叹息道："既然老板没有拖欠过你们的工资，你何必这么丑化他？""不是丑化，这就是事实啊！想想一个大老板如此的小气，我就不想再在这公司干下去！"

　　我耐着性子劝道："你怎么眼睛尽盯着老板们的缺点呢？既然他们能当上老板，既然能把事业做得那么大，肯定有着很多常人不及的优点！这些优点怎么就没有听你说过呢？"我这么一质问，孙婷愣住了，她沉默了一会，说道："你说的确实很有道理，是我的心态有问题！其实，像你所说，如果多看看老板们的优点，你就会发现他们确实都非常优秀！第一个老板理工男出身，技术水平非常高，公司的很多软件都是他领头开发的，获得了很大的市场效益；第二个虽然是个女老板，但是，更是厉害，技术和管理都很在行；第三个老板当初白手起家，销售员出身，积攒了一些钱后，成立了这个公司。也许他对当初创业艰难刻骨铭心，所以很多不该花的钱，他都极力节俭，例如保险公司可以报销的六十元。"

　　因为调整好了心态，孙萌踏实地工作，到现在为止，已经在那个公司干了三年，前不久，刚被提升为部门经理。

　　职场中，很多人以挑剔的眼光紧盯着老板的缺点，越盯越觉得老板"平庸"，越盯越觉得跟着这个老板不会有前途，于是心态就有了很大的变化，就开始浮躁起来，不再好好地工作。很多人其实如果踏实工作，在职场中原本可以有很好的发展的，但是，就是心态浮躁，就是被"看不惯"牵着鼻子走，结果在职场上跳来跳去，职场前途越来越黯淡！

为了自己有个好的职场前途，很多人应该转变个思路，那就是多看看老板的优点。思路转变了，其实，你已经在职场上迈出了一大步。

## 第2节　她凭什么当副总

陆敏是我的同事，她是个大大咧咧的人，大伙总说她简直比男人还男人。

陆敏大学读的是工科，进入我们公司后，一直在研发部工作。刚进入公司的时候，部门经理简直是把陆敏当成个勤杂工来使唤：保管器材、作会议记录，加班的时候出去给大家买盒饭，大家在一起攻关技术项目，忙的时候，经理让陆敏去打扫部门办公室的卫生。这明显不把陆敏当技术人员使用，明显是看不起女生。这个部门经理太大男子主义了。大家都劝说陆敏向老总反映：她是技术人员，不是勤杂工。陆敏笑了笑，什么话都没有说，杂务活照样干，本职工作也没有放松，并没有闹情绪，也没有和上司斗智斗勇。

一次，研发部对公司的一项产品进行技术革新，大家纷纷发言，陆敏也积极地发表自己的看法，经理还没有听完，就不耐烦地说："你这个想法很幼稚，不要再说了。"陆敏当时尴尬得满脸通红。

第二天，陆敏提出休年假，公司准假，大家窃窃私语，都说部门经理把陆敏气得回家休息去了。经理自己也有些内疚，给陆敏打电话，结果手机关机。大家推测陆敏是回老家探亲去了，不想接长途加漫游的电话，于是就关机了。

一个星期后，陆敏回到了单位，虽然面容憔悴，但是，她眼睛里却掩饰不住地兴奋。她提了个大纸袋，里面装满了复印材料，她说她在首都图书馆泡了几天，又费尽周折去了一所大学，请教了一个院士，结果，那个技术难题终于解决了。整个研发部都为了解决难题忙得焦头烂额却没有任何成效，没有想到陆敏居然把这个难题解决了，大家在兴奋的同时也很惭愧，本来以为这个女生使小性子回家探亲或者旅游去了呢。没有想到，她居然是废寝忘食地解决难题去了，并且占用的是自己休假的时间。我们的年假才一个星期，这次休完，以后就没有办法休了，把休息的时间用来工作，大家觉得陆敏有点傻。当有人委婉地表达这个意思的时候，陆敏哈哈大笑："我才不傻呢，我说休年假，是为了排除外界的干扰，如果我说去图书馆查资料，领导不批准怎么办？自己少休息几天有什么关系呢，只要把工作干好就行了。"大家纷纷摇头叹息，还是觉得她真是太傻了。

不管怎么说，陆敏帮助公司解决了一款产品的技术攻关难题。老总一高兴，给陆敏发了个三万元的大红包。没有想到，陆敏自己只留了一万，其他的交给部门经理分发给大家了，她的理由是这项攻关，前面工作大家都付出了很多的心血，自己是站在大家的成绩之上前行的，少走了很多弯路。

大家又觉得这个陆敏真是傻到和钱过不去的地步。接下的两年，陆敏还是这么抢着付出，但是出成果了，她自己却后退，把功劳让给别人。

公司发展壮大以后，老总准备提拔个副总负责公司的技术工作，大家以为提拔的肯定是技术部的部门经理，没有想到，老总把陆敏直接提拔当了副总。

看到大家目瞪口呆，老总笑道："我小的时候，我父亲在公社食堂当炊事员。一个夏天，由于发洪水，上游水库的水漫了出来，水库养殖的很多鱼顺水游到食堂附近的一条小河里。很多人拿着水桶或者脸盆舀鱼，只有我父亲拿着把破得漏了几个洞的大马勺去舀鱼，结果那天，就数父亲舀到的鱼最多，装了整整两水桶。原因就是父亲清楚知道自己需要的是什么，由于把水漏掉了，舀到的都是大鱼。很多人，连水带鱼一起舀，成绩非常小……"

听老总这么说，大家这下子都服气了。陆敏何尝不是这样的人啊，她把一些不重要的细节纷纷忽略掉、漏掉，只想着多创业绩，多给公司做贡献，多团结团队，只想着剩下最重要的东西，这样的人最有资格当副总。

从陆敏职场的传奇升迁上，我们明白：不要计较职场上的一些小利益，就能得到职场上的提升。把小利益"漏掉"，才能获得很大的成就。

## 第3节　远离悬崖的人更应该快乐

单位同事刘大姐的女儿丽娟患了一种血液方面的病，这种病比较难治疗，是个非常危险的病。丽娟从十三四岁的时候就开始发病，每年至少要发一次病，去医院治疗比较长的一段时间。按照丽娟自己的说法，那就是"每年至少都要去鬼门关溜达一趟"。是的，她说的是"溜达"，就像散步，就像逛街那样的"溜达"。一个如花年龄的女孩对待死亡居然是如此的坦然，这让我非常佩服她乐观的精神和强悍的心理素质。

几年来我曾经去医院看望过她有十多次。见过她两手插满了输液的管子(因为经常输液，她的手背上尽是密密麻麻的针眼)，也见过她连续多次的便血，然后医院紧急给她输血，见过她大把的吃各种药片，然后趴在床上翻来覆去地拼命地阻止自己不要把药物呕吐出来……我见过她的每一个场景都让我心惊肉跳，都让我内心如刀绞般的疼痛！

丽娟的医疗费比较昂贵，刘大姐和她老公只得坚持上班挣钱，而且为了多挣钱，夫妻俩还在外面做兼职。刘大姐双休日的时候，在一家外语补习学校当老师，刘大姐的老公是建筑设计院的工程师，下班回家后，给建筑商设计图纸挣外快。如果住院，绝大多数的时候，只有丽娟一个人在医院里。但是，丽娟却很坚强，她躺在病床上戴着耳机听流行歌曲，用笔记本电脑写博客……夜深人静的时候，为了避免打搅同病房的其他病友以及她们陪护们的休息，她就改用手机上网写博客，写博客还不过瘾，后来有了新浪微博，她每天会写好几条微博。

我多次访问过丽娟的博客，博客里有着很多她让病友的家人拍摄的数码相片。为了掩饰一脸的病容，她总是戴着一些动漫面具，那么多的相片，她都是戴着面具在微笑甚至是快乐地大笑，不知道情况的人，会认为这是个健康、活泼、爱做恶作剧的女孩！但是，知道内情的人，看着相片中丽娟因频频输液而使得双手背部呈现触目惊心的青紫色的时候，每个人内心

99

都会震撼和疼痛。

那天下午下班后，我和刘大姐一起去医院看丽娟。在刘大姐出去给女儿打饭的时候，丽娟和我聊天，她说："阿姨，其实我知道，我这种病，根本就治疗不好的，而且治疗还非常有破坏性，例如我每天吃的大把的药片对胃的破坏就非常大。我现在的病就像是站在悬崖边上，任何的治疗都没有什么大的作用，只不过是减慢病人向悬崖走过去的速度而已。我知道，我的生命在衰竭，其实，谁的生命不是一步步地走向衰竭呢？只是有的人很快，有的人比较慢而已，所以，死亡并没有什么可怕的!只是我现在非常牵挂我的爸妈，我妈已经超过四十五岁了，他们就我一个孩子，如果我去了，我妈也没有办法要孩子了，这是我觉得最对不起我爸我妈的事情，我之所以坚强地、快乐地活着，就是让我爸我妈多开心些! 我能快乐，他们就会欣慰一些……"听了她的话，我的心像刀割一般疼痛，我借口去洗手间，一出病房的门口，我的泪水就禁不住喷涌而出。

一个刚刚二十出头的女孩，从十三四岁开始，就一直遭受着绝症病魔的侵袭，在明知道根本没有办法治疗好的情况下，还这么坚强、快乐地生活。这种乐观，让我内心非常震撼和感动!

以前的很多时候，我总是为生活上、工作上的一些琐事而郁闷，有的时候，甚至是痛苦。当我结识了丽娟以后，想着她"微笑着一步步走向悬崖"，我内心悲痛的同时，也改变了我对人生的态度。从此，我不再为那些琐事烦恼了，我常常在内心对自己说：既然在悬崖边站着的这个女孩都那么坚强，那么开心，我们这些身体健康远离"悬崖"的人更应该生活的快乐。

## 第 4 节　包装好你的"拒绝"

同事方媛，人缘非常好。经过我仔细观察、认真琢磨，我发现方媛人缘好的秘诀就是善于拒绝别人，擅长给拒绝"包装"。

　　方媛的表妹大学毕业后，在省城找到了一份工作。姨妈家远在离省城五百多里的一个县城。姨妈想让自己的女儿住在方媛家里，期望方媛给予生活上的种种照顾。方媛在省城买的是个五十多平方米的小二居，隐私空间小，夫妻两个日子过得好好的，如果住进一个亲戚，会增加很多的不方便。时间久了，因为生活习惯的不同等等原因，肯定会产生一些矛盾，到时候会弄得大家都不愉快，说不定糟糕到连亲戚都做不成，生活中这样的例子见得多了，于是，方媛就打定主意拒绝姨妈。

　　方媛在电话里笑嘻嘻地对姨妈说："我比表妹大好几岁，如果按媒体上说的三岁一个代沟，我和她快有两个代沟了。像表妹这么大的姑娘，做事风格啊想法啊，可能和我不一样，我这人心直口快，到时候如果管得多了，她肯定会反感，会有抵触情绪，说不定还会忌恨我，我倒不是担心她的忌恨，主要是她也二十出头了，很多事情也需要锻炼了。如果让她觉得我有很多事情可以照顾她，她就会有依靠心理，肯定不利于她的成长。这样吧，我帮助她在她单位附近租个房子，上班近并且还可以锻炼自己……"听方媛这么说，姨妈觉得也有道理，于是就很高兴地委托方媛给表妹租房子。

　　方媛的老公在省城一家重点中学当老师，尽管只是普通的老师，但是，很多人都希望能借助方媛老公疏通关系，让自己的孩子进入重点中学读书。

　　一次，单位聚会的时候，公司陈会计和方媛坐在一个饭桌旁。陈会计说："方媛，我家儿子还有半年就小学毕业了，眼看就要上初中了，但是，我儿子学习成绩中等，如果凭考试估计考不上重点中学，到时候能不能让你老公帮帮忙上他那个学校？"一桌子的人都看着方媛，方媛笑着说："我老公一个普通的老师，你居然把他看得如孙猴子那么大的本事！夫贵妻荣，这么看得起我家老公，我感觉脸上也很有光彩，我回去和我老公说说，如果能帮上忙，肯定帮。"

　　当着这么多人的面，陈会计没有被"明显地拒绝"，她很高兴，连着敬方媛几杯红酒。方媛其实已经拒绝了，她把拒绝包装得很巧妙，一方面告诉陈会计"我老公就是个普通老师，没有孙猴子那样大的本事！"另一方面，委婉告诉陈会计自己老公"很难办成这件事情"。但是，又承诺说

101

"如果老公能帮上忙，肯定帮"。同时，还感谢陈会计找自己帮忙是"看得起自家老公"，弄得自己脸上还有面子，很有种感谢人家"高抬"自己的意思，这使得酒桌上彼此很和气，也给了陈会计台阶下。如果方媛当时说："我老公就是一普通老师，你这个事情办不成！"这种生硬的拒绝，在众人面前，肯定弄得陈会计有些尴尬下不了台。

生活中，因为种种原因，每个人都会很多次拒绝别人的"托请办事"的要求，这个时候，如果能注意说话的技巧，如果能把拒绝"包装"得非常巧妙，就能达到既拒绝又不伤感情的效果。

尊重别人的感受，"包装"好拒绝，这样，既能最大限度地降低对他人的"面子"或者"感情"的伤害，又能有效地避免别人的"反击"，这样的处世智慧会大大地提高自己的幸福度，这样的处世智慧会使自己的人生道路多些鲜花少些荆棘。

## 第 5 节　一匹"体型缺陷"的赛马

汤姆·史密斯是美国的一名驯马师，他在 1936 年的时候，买下了一匹名叫"海饼干"的三岁赛马。这匹马身材矮小，身体瘦弱、前脚弯曲、膝盖突出并且严重不对称。因为有着严重的体型缺陷，"海饼干"长期被它的原主人所轻视和冷漠。它的原主人"以貌取马"，武断地认为"海饼干"是匹非常不合格的赛马，因此，从来没有给予它任何的训练和特别的照顾。"海饼干"曾经参加过一些小型比赛，成绩很差。由于长期受到主人的冷落，身体瘦弱的"海饼干"体重比一般赛马要轻，每次比赛，为了显示"公平"，它总是必须背上三十磅左右的沙袋。

尽管"海饼干"战绩很差，但是，经验丰富的驯马师史密斯还是看出了这匹马的闪光之处：自信而且非常坚定。

在史密斯的精心调教下，以前被人轻视的"海饼干"让观众刮目相看，"海饼干"几乎所向披靡，屡战屡胜，连续获得惊人的好成绩。1937 年，

"海饼干"在十场重要的彩金赛中全部获胜，它的年收入达到惊人的 14 万 4 千美元，这些钱在那个年代，简直是笔巨款。"海饼干"比最赚钱的赛马在巅峰时期赚得还多。1938 年 11 月 1 日，"海饼干"与另一匹奖金马王"战将"的比赛成为了全美国最热门的赛马比赛，因为心系明星赛马"海饼干"，就连那些对赛马比赛不感兴趣的人也破例关注了这次比赛。"海饼干"以四个马身的绝对优势获胜！它当之无愧、理所当然地当选了那年的美国年度最佳赛马。

1939 年 2 月 14 日，"海饼干"在一次比赛中前腿韧带破裂，严重的伤情使得它几乎再也不能参加比赛了。但是，当年秋天，"海饼干"的老板通过媒体宣告了一个令人惊喜的消息：7 岁的"海饼干"将于 1940 年 3 月 2 日，最后一次挑战它一直未能征服的赛事：圣安妮塔 10 万奖金赛。

整个美国赛马界都在关注圣安妮塔 10 万美元奖金赛，关注"海饼干"的意外复出。"海饼干"曾经两次以微弱的差距与 10 万美元的奖金很遗憾地擦肩而过。作为一匹体型有严重缺陷的赛马，作为严重受伤后重新复出的赛马，"海饼干"这次比赛的结果震惊了整个美国，"海饼干"居然获得了圣安妮塔大赛历史上的最好成绩，并且打破了当时的世界纪录。

赛马的黄金期一般在三四岁。为了跟壮年的赛马一比输赢，大龄赛马"海饼干"在赛道转弯时永不减速。这对赛马来说，是非常大的伤害，同时，也是对体力极限的严重挑战。但是，为了赢得每一场比赛，"海饼干"已经奋不顾身地拼命往前冲，每场比赛都把自己的拼搏发挥到极致。"海饼干"十八九岁的时候，还在赛马场上奋力拼搏。当它在拐弯以及冲刺的时候，观众都不敢相信这是匹已经十八九岁的高龄赛马。

在赛马比赛中，赛马们的直线加速度差距都不大，只在转弯时才能拉开速度差距，因此，输赢往往体现在转弯的时候。"海饼干"屡次创造奇迹的原因，就在于它顽强的拼搏精神，它总能超越转弯不减速的体能极限，哪怕每次玩命地跑到鼻息流出血来也不减速。

"海饼干"在后来的比赛中再次受伤，几乎无法继续比赛，但是，它以顽强的毅力战胜了伤痛，一直坚持参赛，直到年老体弱而光荣退役。

"海饼干"，这匹有着体型缺陷的赛马具有顽强的拼搏精神，它的这种克服困境、赢得成功的信念和力量，它令人敬佩的"坚持"精神，成就了一匹劣势赛马在赛场上的辉煌。"海饼干"所处的时代，美国正在暴发经济危机，"海饼干"的奇迹激励了无数处于焦虑、烦躁、恐慌中的美国人。随后，美国的经济也开始从萧条走上复苏。"海饼干"的拼搏精神不仅改变了它自己的命运，更是鼓舞了许许多多的美国人，激励了整个国家。

1938 年的新年前夜，美国推出了年度十大新闻人物榜，共有九个人上榜，其中包括当时的美国总统富兰克林·罗斯福、英国首相内维尔·张伯伦，与这些国际政坛上叱咤风云的大人物同处于一个榜上的还有一匹叫做"海饼干"的赛马——它长得矮小，身体瘦弱、体型还有严重缺陷，但是，它却凭着坚毅、凭着顽强拼搏的精神创造了赛马史上的奇迹。

当我们生活路上遇到挫折的时候，请想想这匹名叫"海饼干"的赛马吧。它体型有着严重缺陷，但是在赛马场上，它总是以惊人的顽强意志奔跑下去，鼻息流出鲜血也减缓不了它奔跑的速度。

如果具备了"海饼干"的顽强斗志和坚持精神，那么，生活中，我们还有什么困难不能克服呢？

## 第6节　有对手的人是幸福的

中学的时候，他的学习成绩不好，一直到高二的时候，他的成绩还在班里倒数"前三名"。他所在的学校是重点中学，所在的班又是这个年级的重点班，之所以进入这个"重中之重"的班级，就是因为他的父亲是个企业家，就是因为父亲给这个学校赞助了五十万元。

他不理会父亲望子成龙的苦心，整天逃课和一些社会青年混在一起，喝酒、抽烟、飙车、追女孩。

高二第二学期，有次上英语课的时候，因为他打开手提电脑插着耳机看电影，老师非常恼怒，勒令他离开教室，并宣布以后不要再上英语老师的课。"无所谓"，他自我感觉良好地打了个响指，然后合上手提电脑准备离开教室。就在他经过班长身边的时候，听到班长小声但清晰的声音："真是个人渣，靠着他爹有几个钱！呸！"他的心一震，立刻放缓了脚步，拳头禁不住握了起来，但是，最终他还是冷静了下来，默默地走出了教室。

他觉得用拳头解决问题有些低级了，他要靠自己的努力，用自己的成绩让这个"故作清高"的骄傲班长满脸羞愧！

他自己在走廊里罚站，并且趴在窗台上写了检讨，向英语老师道歉。其实，英语老师并没有要求他这么做。下课后，当英语老师接到他的检讨，居然有了一些感动，同意他以后继续留在教室里听英语课。

从此，他就和班长较上了劲，每天用功地学习。每次考试下来，他最为关心的就是自己的总成绩和班长总成绩之间的差距缩短了多少。

经过一年的急追猛赶，高考的时候，他居然和班长一同考上了同一所重点大学。区别是班长超越分数线六十多分，他仅仅超过两分。他是看班长报考这所大学，他才赌气报同所学校的。

在大学里，他和高中时的班长不同专业不同班级。但是，他依然时刻关注班长的动态，班长竞选学生会主席，他也去竞选。班长大二的时候，报考英语六级，他也报考。他就是想让班长看看，条件好的家庭不都是盛产废品。

四年大学，他一直视班长为对手，处处和班长比赛。刚刚进入大四，他就被一家大公司聘用了，这是靠自己的能力进入大公司的，他非常得意，当得知班长还没有找到签约单位，他的心里充满了成就感。

班长是穷人家的有志孩子，知道自己当初嘲笑过的同学现在和自己处处比赛，班长憋足了气迎接当初那个"人渣"的暗中挑战。

大学毕业后的多年，两人虽然不接触，但是却通过其他相熟的人拐弯抹角地偷偷打听对方的消息，然后继续努力或者重新奋起。

十七岁那年，一个优秀少年嘲笑一个不学无术的富家子弟。富家子弟被深深地激怒了，然后知耻而奋起。

经过二十三年的努力，当两人都步入中年的时候，这两人分别创业成功，分别成了大公司的老总。需要强调的是，作为富家子弟的他，没有接受父亲的任何投资，他要的就是公平，要的就是个白手起家。

在一次高规格的商业聚会上，多年来互为对手的两个同学彻底解除了青春年少时产生的内心罅隙，笑呵呵地走向对方，四只大手紧紧地握在一起。他们居然异口同声地说了同一句话："有对手的人是幸福的。"

是的，有对手的人是幸福的。朋友可以帮助你进步，但是，对手却能让你成就一番事业。当我们生活中遇到对手阻击的时候，我们应该在心里愉快地对自己说："有对手的人是幸福的"，然后采取君子之争的风范，和对手一起在人生跑道上前追后赶。

## 第7节　皱纹长在哪里才算老

我的导师叶教授是个很有意思的老太太。

她原来是下乡知青，恢复高考制度的时候，她已经三十岁了，已经是两个孩子的母亲了。当时她在一家街道工厂里上班，听说她要去考大学，很多工友都笑了，觉得她那么大年龄了，去考什么大学，真是异想天开。

她不管这么多嘲讽，认真地复习。当年，她考上了本地的一所师范学院，毕业后，分到县城一个事业单位坐办公室。

那个单位很好，工作稳定，福利也好。上班的时候，就是喝茶、聊家常，很多女同事把毛线活拿到单位打。东家长西家短，数落着自家的婆婆或者小姑子，就这样，一天天的把时间打发出去了。

她觉得这样浪费时间怪可惜的，于是，就把考研的课本拿到单位去看。她晚上回去实在是没时间，因为大孩子已经快小学毕业考初中了，她要辅导孩子的功课，还要做家务。她只能合理地利用好上班时候的大把空闲时间。

同事见她已经三十六岁了，还准备报考研究生，都觉得很荒唐："你真是不服老啊，都三十六了，还准备去和那些小青年一样读书去啊？"她认真地说："我觉得自己还很年轻啊，我要趁着年轻多学些知识，不能就这么荒废时间。"旁边有个男同事说道："你还得上班，还得照顾家庭，再说，你确实是快奔四十的人了，人到中年了，还学什么习啊！再过十多年，你就做奶奶了。"她笑笑，没说话，继续看她的书。那阶段，大家都说她脑子有毛病异想天开，大学都不是好考的，研究生更难考，都说她简直是瞎折腾。

她不管这些，继续努力地学习。第一年，没有考上。第二年，女儿已经读初中了，上了所重点中学。晚上，母女俩一起学习。

这一年，她以优异的成绩考上了研究生。

研究生毕业后，因为成绩优异，她被留学校任教了。丈夫作为家属，被学校调到后勤处工作。于是，他们全家从县城到了上海。孩子在学校的附属中学读书。

工作几年后，叶老师熟悉了教学，她又不安分起来，想考博士，于是，在她四十三岁那年她参加了博士研究生的考试，与她一起坐在考场的还有她的一个学生。作为老师，和自己的学生一起去考博，成为了学校的一段佳话。

博士顺利考上，毕业后，她又回到以前的大学工作。

现在，她已经是博士生导师了，虽然去年退休了，但是因为她教学质量高，身体好，更重要的是心态很年轻，学校返聘她，依然让她带博士研究生。

前几年，她参观了一个画展后，居然一门心思地想学国画。于是，她就去书画院拜了一个国画名家做老师，几年下来，居然画了一手好画，并且在国内得过几次大奖。

今年教师节，我们同学拜望她的时候，有个女生很冒失地说："叶教授，你怎么一点也不服老啊，快六十岁的时候，还去学国画。"

叶教授笑眯眯地说："我就是不服老，虽然我是长了很多皱纹，但是，皱纹长在脸上不算老，只有长在心里才算老。"

老师的话赢得了大家的掌声。是的，她能从一个街道工厂的女工成为著名高校的博士生导师，不正是因为她的心中从来不长皱纹吗？

从此，不管是工作还是学习，我们都充满了激情，因为我们牢牢记住了叶教授的那句话，皱纹长在心里才算老。

107

# 第六章

# 好习惯会给予你惊喜

## 第1节　别乱碰他人的人生

我小的时候，给我印象最深的是位远房姑姑。姑姑是村小学的老师，姑父是倒插门到我们村的。

姑姑在村小学当老师，她虽然生在本村，但是，她和别人的不同之处就是不爱闲聊别人家的是非。她的生活很简单：上课、干农活、备课、饲养几十只长毛兔。路上见到村人打招呼，一般就是"今天天气挺好的"、"今天风怪大哩"之类的话。

农村常常因为八卦别人家的事情，传来传去的结果就出了事情，被八卦、被一些负面新闻烦扰的当事人怒气冲冲地寻求"谣言"的源头，这条八卦"传递线"上的每个人互相推卸责任，弄得乱哄哄的。一些人指天画地地发誓，还有人要威胁着喝药上吊，弄得可笑又可气！

我这个远房姑姑虽然在农村生活了一辈子，但是她从来没有参与到任何的八卦漩涡中。她努力地工作、平静地生活、辛勤地劳动。我觉得她是我们村心里最安静，过得最幸福的一个人。

我长大以后，参加了工作。单位有一个姓高的中年同事，高同志经常说话没有谱，大家在一起聊天的时候，他的话题总是云里雾里的。例如，他说他周末的时候，在护城河钓了一条十多斤的大鲤鱼，他们一家三代五口人，顿顿吃鱼，两天才吃完。又如，有次过火车道的时候，虽然知道火

108

车就要开来了，但是，因为他有急事，在心里计算好了可以在火车到来之前抢道过去，但是，就在这无人看管的岔道口，他的自行车恰巧落链了，并且这个链子还卡住了车轮，他当时果断地借助脚蹬站了起来，一个潇洒漂亮的前滚翻，从自行车头前翻过去，就地打了一个滚，逃脱了厄运。还如，他说他小时候有次在野外爬上一棵大桑树摘桑葚吃，一不小心，从十米高的树杈掉下来了，但是，居然没有摔伤！为什么？因为树下的草丛里有个野兔窝，他一屁股坐死了三只野兔，三只野兔像肉垫一般保护了他。他把这三只野兔拎回家让母亲炖着吃了，三只兔子，吃了好几天……

高同志的话说得玄玄乎乎的根本不值得信，但是，同事还都听得津津有味，然后哈哈大笑。大家边笑边摇头，感叹他真能瞎编！

不过，这个高同志虽然经常说话玄玄乎乎的，但是在单位里人缘却很好，领导也很欣赏他，后来高同志做了我们单位的办公室主任。

对于高同志这些很离谱的话，我内心很反感。因为刚参加工作没多久，年轻、城府浅，我的反感不由自主地浮现在脸上。高同志就找我谈话，他说道："小张啊，我知道我平时瞎扯惯了，你很反感，是吧？"我连忙辩解："不是！不是！"辩解的时候，我的脸发烫。老高笑了笑："没有关系的，其实，你反感也是对的，因为平时闲聊的时候，我说的都是瞎扯的话，经不住推敲。我的聊天原则是'说玄话，不说闲话'，你看我经常东侃西扯的，但是，我从来不议论别人的是非，从来不说别人的闲话，希望你以后能理解我。"高同志这么一说，我一下子想起了老家的远房姑姑，我恍然大悟，对高同志佩服起来。我觉得他表面虽然是满嘴跑火车，但其实内心却很细腻、很有涵养。从此，我对高同志开始理解并尊敬起来。

现在的一些媒体新闻，经常挖掘名人的个人隐私：谁怀孕了，谁怀的孩子可能是男孩(或者女孩)，谁的孩子是兔唇……这些无聊的新闻让我非常反感。我就不明白，人家正常地结婚生孩子，有什么大惊小怪的？为什么非得成为大家茶余饭后的谈资？人家幼小的远远没有成年的孩子，八卦记者有什么理由拍人家的相片？还有点职业道德吗？后来冷静想想，这些八卦记者为什么千方百计地弄这些所谓的新闻，还不是为了迎合大众的口味？也就是说，有相当的一部分人喜欢探讨别人的隐私。

有个日本人，名叫吉田丰子，她是著名作家张爱玲的"粉丝"，对张爱玲非常崇拜。吉田丰子的情感经历非常丰富，她主动要求把自己的这些情感上的丰富经历无偿地提供给张爱玲，以供张爱玲当做写作的素材。写作素材对于作家来说，非常宝贵，可以这么说，像吉田丰子这样的无偿奉献写作素材，是很多作家求之不得的幸事。但是，面对天上掉下的"馅饼"，张爱玲却淡然地拒绝了，理由就是："不喜欢乱碰他人的人生"。张爱玲的拒绝让吉田丰子非常感动。

不打听别人的隐私，不传播别人的是非，不乱碰他人的人生，这样有涵养的人，值得大家尊敬、学习。

## 第2节　好习惯会给予你惊喜

读大三的那年暑假，我去上海工作的表姐家玩。表姐是自己租的房子，为了方便我出行，她给我配了把钥匙。

一天晚上，我们在家做饭，发现没有盐了，表姐就去楼下的超市去买，临走的时候，从提包里翻找钥匙，我感觉很可笑："我在家，又不出去，你回来后敲门，我开门，不就得了？为什么还带钥匙啊？"表姐不以为然地摇摇头，说道："你不懂，我这是培养自己的好习惯。记住我一句话，好习惯会给你惊喜！"说完就带着钥匙下楼去了。

我当时觉得表姐神神叨叨的真是可笑。

半个月后的一个周六，我们去外滩玩，玩得非常开心。等到回到家，我惊呼："坏了，早晨换衣服，我的钥匙忘记带了！"表姐的脸色也有点发白，因为早晨出行的时候，为了方便，她没有背平时上班装笔记本电脑的大挎包，而是换了个轻便的小包，如果她的钥匙还在大包里，那么，我们只得费尽周折去找开锁公司了。找开锁公司非常麻烦，因为需要一些证明，证明自己确实是这里的租户。

　　表姐苦着脸去翻小包，结果她居然意外地找到了钥匙，我们立刻欢呼起来。进了门，表姐还在纳闷地回忆，自己是什么时候把钥匙从大包换进小包的。

　　其实，没有必要回忆了，我开始相信表姐说的那句话"好习惯会给你带来惊喜"。她平时出门就有带钥匙的好习惯，无形之中帮了她的忙。

　　大学毕业后，我进入一家公司工作，在行政部做助理，每天的工作非常繁琐：给出差人员订机票，给出去长期施工的技术人员租房子，给公司购买办公用品、收发快递、调度单位车辆、接待来访人员等，每天工作忙得团团转。

　　但是，我知道好习惯的重要性。每天早晨，我就在记事本上把当天需要完成的工作记录下来，然后按照轻重缓急去做。一次，老总开会的时候说道："下星期三，我们公司的一个重要客户要来我们公司考察。"然后交代行政部主管要认真做好接待工作，行政部主管满口答应。但是，因为那几天主管的父亲住院，主管忙着照顾父亲，把接待的事情忘记了。当初开会的时候，我就把接待客户的事情记在本子上，重要客户要来考察的前天上午，我翻看本子，惊觉这个接待工作还没有做好。于是，我赶紧购买鲜花、制作横幅，让广告公司的专业人员在横幅上写上热情的欢迎词，另外，还买了几盘水果。合作客户到我们公司视察后，对我们公司给予的热情接待，对方非常满意，于是就和我们签订了一项合同。

　　虽然主管请假忙着照顾父亲，但是在我周密的准备下，接待工作一点也没有受到影响，老总非常高兴，奖励了我一个红包。

　　当老总觉得你工作做得好的时候，他就会认真地考虑到提升的问题。后来因为主管要出国进修，老总就把我提拔为行政部主管。可以说，这个惊喜也是我的好习惯给予的，因为好习惯，我接待工作安排得很周到，因为对方来访的效果好，老总开始注意我的工作，于是，就委以重任。

　　给自己培养一些好习惯吧，这些好习惯在关键的时候，会给予你惊喜，会给予你好的运气。

## 第3节 提醒警觉

他从小生活在农村老家，和邻居家一个名叫成才的孩子关系非常好。那个孩子比他大一岁，经常有些鬼主意，脑子也很聪明。

他父母出去打工了，家中只有年迈的爷爷、奶奶。

成才一天逮了一个青蛙放在钢精锅里，里面有半锅水。成才说："这青蛙，我放在水里，煮死了，他都不会跑，你信不？

他摇摇头说："我不信，青蛙才不会那么傻呢，没烫死之前，肯定会跑的。"

成才诡秘地笑了笑，说道："这样吧，我让你看看青蛙到底能不能心甘情愿地被煮死。"

成才把炉子悄悄地打开，然后他们两个人一起观看起来。果然，等到钢精锅里的水烧开了，青蛙也没有蹦出来，被活活地煮死了。可是，钢精锅的盖子根本没盖，如果想逃命，这个青蛙是可以蹦出来的。

他非常震惊："这个青蛙真傻！"成才得意地说："这个青蛙一点不傻，它只是放松了警惕，水一点一点热的时候，它没想起来跳，等到明白不跳就要死的时候，大腿都快被煮熟了，也就跳不动了，就只能等死了。"

他听了，内心很是震惊，半天没说话。

成才虽然脑子聪明，但是自律性比较差。

街上开了个超市，开业庆典那天搞优惠活动，顾客很多。成才穿着旧拖鞋进去，换了双新拖鞋，然后把那旧鞋塞进货架底下。成才穿着新拖鞋大模大样地出来了，说是从超市里"拿"了双鞋，说得轻描淡写的。回到家后，他想到了那只青蛙，觉得成才是个品行很差的人，那明明是"偷"，怎么能被轻描淡写地说成"拿"呢？他觉得再和成才交往，早晚会被他带坏，在不知不觉中"烫死"，等到惊觉的那一天，估计就晚了。

他想到温水里的那只青蛙，决定赶紧离开成才。

很快，他就找各种借口和成才慢慢疏远了。

从此，他用功学习，以优异的成绩顺利地考上了大学。

成才初中的时候，因为屡屡偷盗同学的学习用品以及教室里的荧光灯灯管，被学校开除，然后去南方打工了。

他读大学的时候，班里很多同学花钱大手大脚，反正没钱就打电话向家里要，父母想方设法也会满足自己孩子的需求。但是，他生活很节俭。进大学的时候，用的是助学贷款，他平时出去打工，做家教，当广告员，拿奖学金。除了第一学期从家里带了一些钱，后来的三年半，没向家里要过一分钱。毕业前，他还把助学贷款提前还清了，他是班里唯一提前还清助学贷款的人，让同学们很是佩服。

因为在大学里勤奋学习，他拿到了第二学历，市场营销。大学毕业后，他凭借他的第二学历进了一家大型外企做销售。

辛苦拼搏了几年，他这个有着人气和网络资源的销售骨干做了区域产品代理，自己做了老板，收入很是不错。

做代理，免不了与客户在一起吃吃喝喝，客户总是鼓动他去一些按摩的地方放松，他立即推辞："别别别，我是胆小鬼，我老婆知道了，我还会有好果子吃？"其实这只是他推辞而已。他是不想让自己的幸福婚姻在婚外情的温床中死掉，他是个丈夫、是个父亲，要对家庭负责。

那天闲暇无事的时候，他在宽大的办公室里独自沉思。

以前的那个成才，因为在广东深圳当飞车党抢劫，被抓住后，判了十年刑。大学里那些日子过得很惬意、很潇洒的几个，现在日子过得苦不堪言。那些他熟悉的销售员，因为在外面拈花惹草的，弄得夫妻感情恶化⋯⋯只有他，不但有了自己的事业、房子、车，而且夫妻感情很深，家庭幸福。

不做那只温水里的青蛙，时时警惕，时时反省自己，只有这样才会在人生的路上越走越宽，越走越稳。

他非常庆幸，在少年时代就明白了这个道理。

113

## 第4节　吞没才华的诱惑

以前我在老家一家大型商业集团工作的时候,有两个当地的青年农民,因为发表过一定数量的作品,被集团宣传科聘用。由于同在集团上班,我和他们算是同事。为叙述方便,暂且分别称呼他们为甲同事和乙同事。

集团领导很开明,鼓励宣传科的人多写文章多发表文章,每发表一篇,不管是在什么级别的报刊上发表,一律奖励三十元。

那时候,甲同事在一些生活类杂志以及一些纯文学杂志共发表了七八十篇文章,文章写得很好。奖励制度下来后,甲同事开始专攻报纸了,频频在我们市日报、市晚报甚至我们市卷烟厂出的内部报纸刊发文章。

因为报纸的版面限制,需要的文章一般是七八百字的,以前经常写几千字文章的甲同事为了迎合报纸的喜好,开始频频地写这些七八百字的短文。儿童节的时候,就回忆他小时候过儿童节的情景,或者是写他今年准备怎么带女儿过一个愉快的有意义的儿童节;端午的时候,就写粽子;过年前,不是回忆花炮就是回味腊肉……反正为了好发表,他的文章总是与节气、节日俱进。

每年下来,这样的文章也能发表个上百篇,能从集团财务部获得三千多元的奖金。有次,我问甲同事: "你怎么不给杂志写稿子了啦?"他说道: "在杂志上不但不好发表,而且需要过三关:编辑是一审,编辑部主任(或者副主编)是二审,主编是三审。文章如果想在杂志上被刊用,就必须闯三道关!报纸就不一样了,只要写得符合要求,和编辑又比较熟,就非常好发,报纸副刊编辑的发稿权很大。"说的时候,甲同事非常得意。

我明白了,甲同事是为了挣奖金而走捷径。

乙同事在做好本职的宣传任务后,也搞业余创作,只是他一般是给生活类杂志和纯文学杂志写,因为杂志审稿严,他每个月发的文章并不多,也就是三五篇。但是,乙同事好像并不在意,继续努力地写。文章越写越长，给生活类杂志写一些三四千字的亲情、爱情方面的文章，给纯文学杂志写万把字的短篇小说或者两三万字的小中篇。但是，纯文学杂志的稿费非常低，如果从经济效益考虑，乙同事写小说好像不太划算。另外，集团发奖金是按"篇"计算的，三万字的中篇小说发表了，依然是奖金三十元。

某天，我把甲同事的诀窍告诉了乙同事，建议他在写作上转变下方向，多挣点奖金，他不以为然地笑了笑，没有发表任何意见，继续按自己的路子走下去。

后来，我考上研究生，离开了工作数年的商业集团。研究生毕业后，留在了北京工作。今年春节，我回到老家，和当年的几个老同事相聚。这个时候，从老同事的口中，我才知道：因为集团的效益逐渐下滑，集团已经精简了一些人员，甲乙两同事是两年前第一批被解聘的。甲同事现今在南方打工，因为没有具体的特长，到处打零工，比较受罪；乙同事因为出了几本书，发表了几部很有影响的中篇小说，其中还有一部被省电视剧制作中心购买走版权，拍摄了电视剧，并且在全国的电视剧展播中，还获得了二等奖。于是，省作协把他调到省城，做了拿工资写作的专业作家。

115

沉默了一会，我说道："那甲同事当初也发表那么多文章，就不能找个吃文字饭的工作？"几个老同事叹息说："他呀，就图那点奖金，老是在咱们当地的报纸发表，在大报发表的都很少。写的文章也没有深度和内涵，拿着厚厚的作品剪贴本找工作，处处碰壁。有一阵子，他非常想出书，到处联系出版社，人家说他的文章写得太浅，书到现在也没有出成。"

当初同时被集团宣传科聘用的时候，甲的写作基础比乙的还要好些，因为贪图那点奖金，甲同事毁掉了自己的才华。

其实，很多人都有着方方面面的才华，只是，人生路上要面对的大大小小的诱惑太多，有的人贪图安逸，有的人贪图些小名利，有的人贪图"麻将桌"的"刺激"……这些形形色色的诱惑成为了我们人生路上的敌人。战胜了，才华就能得到很大的发挥，人生就会取得一定的成功；战败了，才华被诱惑吞没的人生往往是败落颓废的人生……

锁定人生目标，经得起诱惑，这样的人，才能走向成功。

## 第5节　腾空心里的承受空间

他是我的一个邻居。

他的父亲得了脑出血，妻子也常年生病，女儿又在读高中，都是花钱的主儿。他个人又从一个郊区的乡政府分流下岗了。因为家庭的拖累，确实影响了他的工作，他以前常常请假带父亲、母亲看病。

下岗的第二天，他就在我们小区附近摆了个摊位卖小吃。因为多年来，家里的饭菜都是他做，所以，他做的稀饭、包的包子，味道都很鲜美。

卖饭的时候，他还弄个小收音机，听早晨的早间新闻。更多的时候，是听那些经典老歌，邓丽君的、陈百强的、谭咏麟的。

光卖早点，他觉得不过瘾。过了一阶段，他干脆租了个小门面，早晨的时候卖早点，中午的时候卖稀饭、面条。下午不营业，因为需要照顾身体不好的两位老人，带他们去医院，或者带他们去附近的公园散心。

两年后，他的一间小吃铺扩大为两间。招了两个帮工，钱挣多了，自己也轻松了很多。下岗的第四年，他在开发区的写字楼开了个一百五十多平方米的饭馆，专门给白领供应盒饭、快餐。另外，由于妻子已经病逝，他再婚了。对方是个离婚的农村妇女，因为丈夫喜欢喝酒，喝酒后喜欢家庭暴力，后来就离婚了。

他找这个再婚的对象，就是看中她的淳朴、善良。结婚后，他的妻子当全职太太，从"苦海"中脱身而出的善良妻子，果然很珍惜第二次婚姻，对一家老小尽心尽力。他只管经营好他的两个饭店就行了。

家和万事兴。没有了后顾之忧的他把全部的身心用在生意上，生意非常好。很快，他就又在本市师范学院附近开了家饭馆。因为大学里吃的是"大锅饭"，味道不好。学生很是挑剔，喜欢去外面的饭馆里吃"小灶"，就这样，他的第三个饭店也很红火。

看着儿子这么有出息，开了三个饭店，还买了个小车，又娶了个贤惠

116

的媳妇，二老的心情很好，什么病都是三分治、七分养的。心情很好的二老居然在媳妇的细心照顾下，可以离开轮椅，拄着双拐行走了。

一个离婚的下岗男人，一个双亲重病的男人，多年来，居然坦然地面对这些磨难，开创了自己新的生活，打拼出自己的一片天地。

那天我和他闲聊喝茶的时候，问起他怎么能有那么大的心理承受力应付生活中这么多的艰辛和变化。他笑了笑："我只是个凡人，不是个神仙，心理忍受力也是有限的，只是我懂得去腾空我的承受空间而已。"

见我不明白，他从书架上拿出一摞书，放在茶几上："这些书，就当做是砖头，咱们可以将它们比喻为人生中的苦难。如果不把这些挪走，如果再有新的苦难叠加，你肯定承受不了。我的办法就是把这些挪走，不去再想，下岗、丧偶，都不去想它。有那时间，还不如听听新闻、听听歌曲呢。用自己全部的精力面对眼前的问题，去克服、去战胜，那么，压力就会小很多。压力小很多的原因是我把那些不需要再承受的负担撤掉了，只承担必须承担的压力。很多人把所有的旧的、新的压力都一起抗，结果就弄得意志崩溃了。"

挪走那些旧压力，勇敢面对新的压力，这就是他坦然走过那段人生灰色日子的诀窍。

## 第 6 节　提高你的"软技能"

文凭、各种学历证书、英语水平等这些"硬标准"只是进入职场的敲门砖，如果想在职场中获得很大的发展，如果想在职场中开出茂盛鲜艳的花，结出累累硕果，那么，一定要注意提高你的"软技能"。这些软技能，主要指的是以下几种。

### 忠诚度和透明度

陈岚是家公司行政部的职员，负责公司办公品的购买以及快递的发送。

117

陈岚接手这些工作的时候，就有几家办公品公司的业务人员给她打电话，请求公司以后长期购买他们的办公用品，并且直接或者暗示给她回扣，陈岚都没有答应，只是告诉他们近期会给他们详细的订单，让他们各自报价。

陈岚列出了公司平时需要经常使用的办公用品，大到公司的保险柜，小到订书针都详细地列出来，然后把这张详细的表格分别传真给几家公司，让他们自己报价。

报价表返回后，陈岚选用了价格最低的公司作为长期合作对象。

因为陈岚拒绝了一些用钱拉拢的办公品公司，一家办公品公司的销售人员给陈岚公司的老总打电话，诬陷陈岚收了长期合作的那家公司的"红包"，老总半信半疑地把陈岚叫去询问。

面对老总的询问，早有准备的陈岚不慌不忙地把一个档案袋递了上去，档案袋上清楚地写明"办公用品报价单"，老总拿出几张报价单认真看后，非常高兴。他笑眯眯地说："陈岚，你让他们采取低价竞标的办法，很好。我不会信那些谗言的。"

陈岚有一次带着公司的几位新同事去一个展会布置自己公司的展台。按照公司的规定，中午的时候，公司管工作餐，但是，展会附近卖盒饭的饭店根本没有发票，以前就是经办人口头汇报多少钱，然后加在其他费用里面就给报销了。但是，陈岚却很认真地让服务员写个收据，并且写上饭店的门牌号以及电话。另外，还要求其他几位同事作为见证人——签字。

老总签发报销单的时候，看到这笔几十元的花销，陈岚却这么认真负责，很是高兴。又过了半年，公司在西安开设了一个新公司。让大家惊诧的是：老总居然派陈岚去担当这个分公司的经理。

其实，老总有老总自己的想法：分公司独立在外，脱离了老总的视线，让陈岚这个对公司忠诚、对经济透明的员工担当经理的重任，是最合适不过的了。

118

**职场小贴士：**

俗话说"家贼难防"，任何一个老总都对"家贼"非常痛恨。因为"家贼"既贪婪又背叛，对公司内部的腐蚀力是非常大的，对于公司的钱财，不管贪大还是贪小，实质是一样的，都是"背叛"。所以，职场中，经济上很透明的员工是深得老总器重的，只有"透明"才能显示出"忠诚"，只有这样的人，老总才会放心地委以重任。

## 积极主动

肖伟是一家公司的销售员。公司规定，只要把销售合同签了，就算业绩，就可以根据合同额发提成。对于催要货款，公司并没有严格的要求。其实，公司这样做的本意是让销售员攻下一个合同后，然后集中时间和精力去攻下一个合同。要款主要是公司的财务部负责。

但是，肖伟觉得既然是自己把产品卖出去的，那么，货款自己就要负责要回。于是，一有时间，肖伟就给那些公司的相关负责人打电话，好话一箩筐接一箩筐地说，目的就是一个，请对方赶紧把货款打回来。

肖伟的软磨很起作用，那些相关负责人为了耳根清净，一般都会加快销售回款的速度。在肖伟积极主动的讨要下，肖伟的销售回款是公司销售部六十多个销售员里最好的，年终统计的时候，销售部的平均回款率不到百分之七十，但是，肖伟居然达到了惊人的百分之百，也就是说，他的销售货款都被他讨要回来了。

对于肖伟这种积极主动的工作态度，老总很是欣赏。于是，当销售部经理被老总提拔为副总后，肖伟被任命为销售部经理。

**职场小贴士：**

每个老总的时间和精力都是有限的，面对公司众多需要处理的事务，总是会身心疲惫。这个时候，工作积极、能够主动为公司解决难题的员工，自然被老总刮目相看，自然会委以重任。

## 专业精神

孙静是家大型集团公司内刊的编辑，集团公司下面有着好几个工厂。每个工厂都有一些通讯员经常给内刊投寄通讯稿。

因为这些通讯员比较业余，通讯稿写得漏洞比较多，对于一些数据，总是含糊其辞，一看就知道没有经过详细考证。

孙静决定自己好好地去基层调研。于是，孙静好好的写字楼不坐，经常在上班的时间跑到各个分厂调研。工厂车间内原材料的难闻气味以及机器开动时嘈杂的声音，都阻挡不住孙静"下基层"调研。

经过调查考证后，孙静认真地修改通讯稿，然后刊发出来。老总知道孙静经常主动到工厂跑车间考证稿件材料，很是欣慰，觉得这个做事严谨、追求专业精神的员工是个可重用之才。

后来，这家公司成功上市。既然是上市公司了，就得对公众担负更多的责任，就得经常接受媒体的监督和采访。于是，老总就把孙静提拔为董事会秘书，并且负责担任公司的新闻发言人。

老总相信工作态度严谨，处处追求"专业精神"的孙静一定能把分内的工作干得非常好。

### 职场小贴士：

职场上，不管你处于哪个部门从事什么职业，在工作上都应该严格要求自己，使得自己成为这个行业(或者岗位)内的"能人"。具备专业精神的"能人"，肯定会被老总提拔到更加重要的位置。

## 团队精神

王雷是北京一家公司研发部的员工。为了给公司的产品进行升级换代，研发部全体员工经常在经理的带领下对公司的某一产品进行技术革新，因为是集体攻关，一些员工就出工不出力。但是，王雷总是为着这个团队尽心尽力。

有时候，为了攻克一个技术难题，王雷节假日的时候都去国家图书馆或者首都图书馆查资料，然后复印出大量的资料以供大家研究之用。另外，王雷还想尽办法请教一些大学的名教授，请对方给予技术上的点拨，得到教授点拨后，王雷就把这些新收获无私地奉献到公司的技术攻关上。公司很多重大技术革新都凝聚着王雷的很多心血。

技术就是企业的生命！老总对待研发部一直非常关心，对于王雷这种为集体攻关而默默无私奉献的员工很是器重。进入公司一年后，王雷被老总提拔为研发部的副经理，入职一年的员工就得到这么快的提升，这在公司里简直是个奇迹。

### 职场小贴士：

职场中，基本上所有的工作都需要本部门或者其他部门的员工协作完成。职场中，只有默默为团队做更多贡献的人才能得到上上下下的认可。

软技能对于职场中人的发展起着非常重要的作用。只有提高职场软技能，才能成为一个前途远大的职场人。

# 第七章

# 迈过那个坎，你得去减肥

## 第1节　多装一些快乐

刘萍是我们公司的会计，同时也是我们老总和那些王牌销售员的挡箭牌和出气筒！

生意来往的公司之间，难免会有一些三角债务，别人欠我们公司的，不好讨，我们欠别人的，别人缠着要。老总被对方逼得没有办法了，就往刘萍这边推："你的钱，我已经交代给刘会计了，可能是她这两天忙，没有来得及把款打给你。"如果对方好对付，听我们老总说得如此有鼻子有眼的，也就缓几天，等着刘会计把钱打过去。如果性子急的，听我们老总这么一说，在最短的时间内，对方到我们公司去拿钱，遇到这样的情况，刘萍就得"很抱歉"地告诉对方："老总确实交代给你们准备钱了，见你们没有来取，我以为你们不是很急着用，就擅自支付给其他债权人了，真是对不起！"来者一听，立即气得拍桌子大发脾气，刘萍一个劲地"道歉"。这个时候，我们的老总出场了，他先是把刘萍"训斥"一顿，说她没有专款专用！然后老总就又是拍胸脯又是跺脚地保证在什么时候，一定把钱还上，等把对方折腾得没有脾气了，老总就热情地拉着人家去饭店吃饭"谢罪"去了。老总的这个法子比较灵，一般都能达到"拖延"的预期效果。

另外，公司的一些王牌销售员，自以为业绩好、贡献大、劳苦功高，于是就想方设法巧立名目地报销很多单据。老总不愿意给他们报销，但是，看在他们创造了很大的销售利润上，为了照顾他们的工作情绪，又不能直接拒绝一些来历不明的报销单据，于是，老总私下里告诉刘萍以暂时没有钱为由采取"拖延术"，一直拖延到这些销售员放弃报销"不义之财"为止。但是，销售员以"老总都批准了，你为什么刁难我？"为由，对刘萍大发脾气，刘萍笑脸道歉，解释现在没有办法给报销是因为目前没有钱。面对笑脸和耐心"解释"，对方再也不好意思发脾气了，只得气呼呼地离开财务室。

这样的挡箭牌、出气筒，几年内，公司里前前后后被气走了好几个会计，就刘萍没有被气跑。因为我们私人关系好，她推心置腹地说："老总也有他的很多难处，作为财务人员，配合他唱唱白脸，也没有什么。当然，很多人冲我发火，说些过分的话，当时，别看我脸上挂着笑，其实，内心很怨恨。只不过，这种怨恨很快就会从我心中消失掉，因为心就那么大，少装一份怨恨，就会多装一份快乐，我让我的心中充满快乐，不是更好吗？于是，我就多想想生活中那些大大小小的开心的事情，例如，快到周末了，又可以去逛街了；例如，某某大片上映了，可以和老公一起去看了，可以重温热恋时的浪漫了；例如，在网上看了篇搞笑的文章，回味一下，更是开心……"

听了她的话，我内心很受触动：怪不得她每天都过得这么开心，因为她的心中从来不装怨恨，装的都是快乐都是幸福！

心就那么大，少放怨恨多装快乐，每个人都会过得很开心很幸福。

## 第2节 压力防护垫

我舅家表哥，在我们老家，那真算是个传奇人物，虽然刚刚四十多岁，但是，他已经是两起两落了。也就是说，他曾经两次发财又两次破产，现在属于第三次创业。表哥的传奇不仅是因为他反复地大起大落，而且还在于他这个人心态特别好，每次破产，都没有常人想象得那么"凄凉"，那么伤痛欲绝。

上世纪八十年代中期，在行政机关人员工资普遍八九十元的时候，一等兔毛的价格已经卖到了一斤一百二十元。那个时候，刚刚从部队转业的表哥，胆子很大。他借遍了全村，借了九百元，然后骑着个破自行车去附近的村庄收购兔毛。收购价是九十元，第一次收购了十斤，骑着自行车送到了市外贸局，市外贸局专门收购兔毛出口。表哥有个战友转业分配到市外贸局兔毛收购站，于是在兔毛等级的划分上，给予了表哥很大的照顾，一般介于一等和二等之间的兔毛，战友都按一等品收购。

表哥骑着个自行车，上午收购，下午送到外贸局，这么一转手，就能挣三百元。这在当时相当于一天挣机关工作人员几个月的工资。

没过多久，表哥就不去乡村收购了，而是在一家乡镇的街上设立了兔毛收购站。还招了一些闲在家的女孩，对收购的兔毛进行分类整理，经过女工仔细挑拣、分类的兔毛按等级分别装进纸箱里，然后用面包车送到市外贸局收购站去卖。

很快，表哥就发财了，手里有了几十万元。发财后的表哥为了寻求更大的利润，开始和广州的一个兔毛收购商合作，因为广州的这个商人收购价比市外贸局的更高。成功做了几单后，表哥的胆量更大了，在广州商人的主动邀请下，表哥决定亲自押送一批货物到广州交送，表哥的钱没有那么多，但是，为了送一趟挣更大的利润，他决定赊欠一些兔毛。

因为养殖兔子有可观的收益，当地的农民几乎家家都养兔子，并且还有几个上了些规模的家庭养殖场。

由于表哥信誉一直很好，很多人都愿意赊欠。就是把兔毛先送来，在按等级按斤算好价格后，由表哥给对方写张计算好款项的欠条。

表哥押送满满一卡车兔毛去了广州，广州商人很是热情，不但在一家高档宾馆定好了客房，还非常热情地去大饭店招待我表哥一行几个人。结果，在对方热情的劝酒下，表哥、司机都喝醉了。当他们醒来后，发现身处宾馆，表哥心一惊：坏事！

表哥赶紧去停车场看，果然坏事！卡车还在，但是，一整车的兔毛却被广州商人转移到另外一辆车上盗走了。表哥只和那个商人接触过几次，并不知道对方在广州的其他详细情况，按知道的公司地址去查，已经楼去人空。

124

　　表哥出手的第一次大买卖就这么砸了，不但自己挣的几十万元血本无归，并且还欠下了乡亲们二十多万元。

　　经过一系列艰难谈判，大家同意表哥慢慢还这些钱。

　　后来，表哥去深圳一家海绵厂做推销员。上个世纪八十年代末，全国从大中城市到县城，大家都喜欢打造沙发、沙发床这些当时比较时尚的家具，表哥的海绵销售业绩很是可观，三年下来，挣的工资和销售提成不但还清了欠款，手头还剩余十多万元。

　　这个时候，表哥回到我们老家，在我们这个地级市开了个海绵专卖店，负责批发以及零售。这在当时，是我们那个市唯一的一家，生意很是红火。海绵全部都是从表哥以前做销售员的海绵厂进的货。少部分是现款进货，大部分的货是赊欠的。

　　一天晚上，表哥在仓库值班的时候，因为抽烟不慎，引起大火，一整仓库的海绵化为灰烬。表哥没有在保险公司投保，这一切损失都是他自己承担！

　　经过与海绵厂老板的谈判，表哥去海绵厂继续做销售，挣的工资和销售提成用来归还当初的货款。

　　经过六年的时间，表哥还清欠款。手头小有积蓄的他，又开始了第三次创业。

　　表哥在商海中起伏这么多年，之所以对他精神上没有产生过于严重的打击，最重要的原因：表哥做人非常低调谦逊。

　　在表哥第一次创业成功的时候，面对很多人的热捧，表哥就表现得非常冷静，他总是说："世事无常，不敢猖狂！谁知道自己以后能落到什么地步呢？"表哥经销海绵生意非常火的时候，自己有辆奥迪车，还有专职司机，有时候回农村老家，离村还有一里多路的时候，表哥就下车步行，让司机自己开车先回村。表哥下车的目的就是为了方便和路上不断遇到的乡亲们打招呼，每次表哥回老家，衣袋里都会装上几包高档香烟，见了抽烟的村人，他都会恭敬地敬上一支，并热情地给对方点上火。由于表哥为人谦逊、低调，从来不摆谱。在表哥落难的时候，几乎没有人幸灾乐祸，没

125

有人嘲笑表哥，大家还纷纷带着礼物前来劝解表哥一定要"放宽心"，大家的态度让表哥很是欣慰，人情没有产生巨大落差，有效地缓解了破产后表哥受到的打击和心理压力。

表哥有次和我聊天，他说："我两次从事业高处狠狠地跌落下来，之所以身心没有受到很大的伤害，之所以没有伤着内心的元气，就是因为我有着'压力防护垫'。"我明白表哥说的"压力防护垫"是什么，那就是他的谦逊和低调。

在得意的时候不忘形、不猖狂，在低谷的时候，就大大减少了人为的外界压力。这样的"压力防护垫"，其实，每个身处顺境的人，都应该给自己准备一块，越谦逊低调，这块"防护垫"就越厚，越谦虚低调，从高处跌落下来的时候，身心才越安全。

## 第3节　迈过那个坎，你得去减肥

大学同学苏琪，因为失恋悲痛欲绝。我理解她的悲痛：一、大学四年加上毕业后两年的感情，一下子灰飞烟灭，自然让人非常痛苦！二、前男友结识的新女友，论长相、薪酬、家境背景，都不如自己！一个综合实力明显和自己不是一个档次的女孩，居然在情场上打败了自己，这让她非常的不服气。但是，不服气又能怎么样？只能在心里闷着！于是，悲伤加上窝心，她对爱情丧失了信心，甚至对生命丧失了信心。一个对生命丧失信心的人，一般对吃喝都不感兴趣了，每天在父母、朋友的劝说下，她只勉强吃一点饭。失恋两个月后，她的体重从 123 斤迅速降到 98 斤。多年减肥不成功的她，居然在失恋的打击下，减肥方面出现了神奇的效果。

因为苏琪小的时候一直向往去看大海，对生活失去热情的她决定去大连看海，了却自己的一桩心愿，然后回来就自杀。之所以回来后自杀，是希望有人给她收尸！

苏琪当时的计划是如此的恐怖，如此的吓人。

在大连的时候，苏琪遇到了一对来自哈尔滨的老夫妻。夫妻俩都七十多岁了，儿孙们刚给他们庆祝完金婚，之后老两口就到大连旅游。在海滩上，老夫妻看到苏琪一脸的悲苦，感觉这个孩子好像要做傻事！老两口非常善良，决定对她进行劝说，希望她不要出现意外。

反正是陌生的地方陌生的人，没有人认识自己，说出来也没有什么丢人的。于是，苏琪就哭着把自己失恋的故事告诉了这对老人。

老奶奶听完后，并没有劝说，她说道："孩子，你说完你的故事了，听奶奶说说自己的故事。我的父亲是哈尔滨一所大学的教授，我们家就住在大学里，我也是在那所大学里读的书。大一的时候，我和大三的一个男生恋爱了，当时算是爱得死去活来吧。这个男生成绩很好，毕业后，他被公派到苏联去留学，在那里，他居然和一个苏联姑娘恋爱了。那个时候，通讯不发达，当我知道他的事情的时候，他们已经结婚了。我当即绝望得要命，连饭都懒得吃。我们家算是条件不错的，在那个时代，属于吃饭不发愁的。失恋后，短短的一个月，我减下去二十多斤肉！那段日子，我情绪非常悲观，感觉自己活得没有意义了。终于有一天，我爬上我们教学楼五楼的楼顶，准备往下跳。被人发现后，大家纷纷劝说我，就在我犹豫的时候，我父亲及时地被人找来，父亲急得边跺脚边流眼泪。见父亲哭了，我犹豫了，觉得自己如果真跳下去，父亲一定会伤心得要命！就在我思想斗争的时候，好多同学飞快地从寝室拿来了被子，垫在了楼下，低头望去，一大片的都是被子！有几个同学顺着楼梯悄悄地上了楼顶。"奶奶回头指了指旁边的老爷爷："就是这个当年的小伙子，一下子从后面抱住我的腰，把我从楼顶上救了下来。这件事情，当时闹得满城风雨的。事情过后，我母亲邀请几个农村亲戚过来，给学生们拆洗被子，因为放在地面的第一层被子都被土弄脏了，母亲主动要求给人家拆洗。另外，由于'当年的小伙子'救了我，我很感激，没有过多久，我们就谈起了恋爱。我们是同一个年级同一个系但不同班。毕业后，我们就结婚了。还别说，他这辈子对我还挺好，没有想到，当初跳楼没有跳成，居然找了个好老伴！"说完后，这对老夫妻都乐了。笑完后，奶奶补充道："没有跳楼前，我才八十多斤，我们谈恋爱后，不到半年，我就一百二十斤了，其实，那个时候，也没有什么好

127

吃的东西，主要是心宽体胖，心里舒服了，吃什么都是香的，就那大米饭，我一顿能吃两大碗！结婚前两个月，我妈给我做件旗袍，我觉得胖了穿旗袍不太好看，又忙着开始减肥……"

最后，老奶奶说道："丫头，我啥都不劝你，奶奶只告诉你，别看你这么瘦，过了这个坎，你得去减肥！"奶奶说得非常严肃、非常认真，她觉得奶奶的认真很是滑稽，禁不住大笑起来，这是几个月来，她第一次笑。爷爷、奶奶见她笑了，他们如释重负，也开心地笑了……

本来很悲壮的事情被奶奶说为："过了这个坎，你得去减肥。"返回的路上，苏琪反复地品味着这句话，觉得特别逗，禁不住自己偷偷地乐。

回来后，苏琪彻底打消了自杀的念头，她坚信，自己肯定也会遇到"哈尔滨爷爷"那样的好人。

一年后，邻居给苏琪介绍个男孩，热恋了一年，两人结婚了。现在，苏琪的生活非常幸福。苏琪非常佩服奶奶的那句劝告："过了这个坎，你得去减肥。"但是，现在不管怎么减，她都减不下去，让老公监督自己晚上别吃饭，可是，老公根本不监督，并且劝说她吃饭："减肥干啥？身体健康最好！"苏琪总是愉快地叹气："哎，我减肥不成功，都是你惯的，鼓励我吃晚饭，鼓励我吃肉……"

很多女孩都经历过失恋，经历过痛苦，经历过"人比黄花瘦"的悲伤阶段。但是，一旦过了失恋这个坎，一旦找到了自己真正的幸福后，那都得一个个忙着减肥了。

感情受挫的女孩，看了这篇文章后，请你坚信，迈过失恋那个坎，一切会是那么的温馨、幸福和美好。即使是减肥，那也只是你幸福的小烦恼而已。

## 第4节　好了伤疤就应该忘了疼

马莉是我中学时的同学，中学时代我们结下了深厚的友谊，毕业后的这十多年以来，我们一直联系得比较密切，所以，我对她经受的苦难，受过的伤害很了解。

马莉小的时候，有年冬天在爷爷奶奶家过年了，而她的父母在家因为下大雪，父亲把蜂窝煤炉子拎到卧室里取暖，结果双双中毒身亡。

大学毕业后不久，她与男朋友结婚了。她在一家国企上班，工作刚刚两年多，工厂破产，她下岗回家了。

这边刚丢了工作，那边的婚姻发生了问题：老公已经有了情人，夫妻俩吵闹了多次后，终于离婚了，但是，等到财产分割的时候才发现，房产证早被老公拿到银行抵押贷款了，贷款的钱已经被他和情人挥霍一空了。另外，外面还欠着很多外债。

离婚后，马莉分得了女儿以及很多外债。法院判决前夫每月支付的赡养费变成了空文，因为那个不负责的男人离开这个城市去外面混生活去了，消失得无影无踪。

俗语说"男怕干错行，女怕嫁错郎"。马莉何止是嫁错郎，她简直是嫁给了一只白眼狼！那年，马莉二十五岁，成了一个没工作但却欠了很多债务的单亲妈妈。

没多久，因为拆迁旧房，我们都搬离原处，她投奔城北的亲戚家，我们家搬到了城南新买的房子，隔着整整一个市区，空间距离远了，再加上我一直在外地工作，过春节的时候回老家，主要是陪我父母。于是，与马莉联系就少了。

去年春节前，我回老家过年，在市场购买水果的时候，意外地发现了马莉，如果不是她先叫我，我还真不敢认她了。她比以前更漂亮了，穿戴也很讲究，她向我介绍说，她在商场租了个展厅，卖服装。

老朋友见面，格外惊喜，于是我们在外面聊天，她开车带我去了一个新小区，她住的是二百多平房的复式楼房。

通过聊天，我很快知道了她这几年的生活。

离婚后，她把孩子交给前婆婆照管，自己去南方一家工厂打工，干了大半年，挣了些钱，于是就回到我们这个城市开了家水果店，因为经营得当，很快就盈利了，然后把水果店雇人守着，她又接下了一家服装店。在别人手中不挣钱的买卖，在她手中又挣钱了。

后来，马莉干脆在商场里租了个柜台："反正放一只羊是放，两只也是放，我干脆在商场租了柜台卖衣服，也是雇人。专门卖职业装以及相亲装。大城市的工作压力大，大龄男女比较多，相亲的就多，既然相亲，肯定都想把自己打扮得英俊些、漂亮些。没想到，我这个思路还挺对，生意比较火。于是在另一个商场也设立了专柜，现在是有一个水果摊位，两个服装专柜、一个服装专卖店，算是四小块吧。"她很谦虚地笑着说。

看着这个越活越精神、越活越年轻的女人，我感叹道："你真够厉害的，没想到——"我怕伤到她，就不再说什么了。

她笑着说："你看你欲言又止的，不就是想说我这个多年前的弃妇怎么会有今天嘛！没关系，我不会在意的，其实啊，是他有自知之明，知道配不上我，只得匆忙从婚姻中逃出去！哈哈哈！"

看她这么幽默这么乐观，我也就不担心了。

说笑了一阵后，她脸色慢慢变得凝重起来："我觉得人生最重要的是时间，一辈子掐头去尾的，一共才一万多天，再加上晚上休息，人一辈子的好时光真的很少。一些事情过去就过去了，不去计较，不与旧伤口纠缠，要相信，一切很快就会好起来的。你看，我现在不是好起来了？我又结婚了，老公是咱们这师范大学的一个教授……"

与马莉分开后，走在回家的路上，我反复回味着她的话。

珍惜时间，乐观生活，不与伤口纠缠，这是多么理性的智慧人生。

## 第5节　敬业的路上并不拥挤

十多年前，因为我经常在深圳一家杂志上发表文章，是那家杂志的老作者。后来，那家杂志招聘编辑的时候，我应聘，很快接到了试用的通知。于是我前往深圳那家杂志社上班。

那个时候，电脑还不普及，我写稿子还是用稿纸写，根本不会打字。到了杂志社编辑部才知道，大家都会打字并且打得非常熟练，大家都把那些写在稿纸上的自然来稿中的优秀文章输入电脑，然后打印出来，每个月统一送给领导审稿。

当时有六个试用期的编辑，但是，最终只能正式录用一名。别的不说，那五人已经很精通打字了，看他们手指在键盘上上下下翻飞，电脑显示器上出现一排排的方块字，我羡慕极了。

每天，我除了中午吃饭的时间外，就是练习打字，在游泳中学习游泳，我练习打字的都是作者的稿件，输入后可以打印出来送审。

杂志编辑每个月的工作其实就是送审稿件的前几天以及终审结果出来后的几天比较繁忙，其他的时间还是比较清闲的。我到杂志社不久，我们社长实行人性化管理，规定编辑一、三、五上班，二、四以及周六、周日不上班。其他的编辑，包括那几个试用期内的编辑都非常高兴，这条上班制度颁布的第二天是个星期三，其他编辑齐刷刷地都不来上班了，只有我一个人骑着个二手自行车汗流浃背地一路奔波到杂志社上班。杂志社的广告和发行都是正常上班的，并且我们都在一个大办公区内办公，于是，我也像广告、发行一样，每周坚持五天制上班。

到了杂志社后，我就闷头在电脑上打稿件。

经过一个月的刻苦练习，我从一个不会打字的人变成了每分钟可以打一百多个字的人，以前一上午吭哧吭哧地打印不完一篇千字文，一个月后，已经进步到一上午可以打印二三十篇千字文。

我不但疯狂地学习打字，还疯狂地在网上约稿，当时很多大大小小的文学网站、撰稿人网站都被我贴上了约稿函。很快我的作者就多了起来，专门给我寄的稿件也多了起来，可供我挑选送审的稿件自然水涨船高地多了起来。

第二个月我赶上了那些老编辑的平均上稿量，第三个月，我已经超越了那些老编辑的上稿量。三个月的试用期结束后，和我一起参加试用的那五个新人全部被淘汰掉，只有我一个过了试用期。

这并不是说我能力上多出众，而是因为我比那几个人要勤奋、要敬业而已。

做了几年的杂志编辑，后来我改行进入一家广告公司做策划。俗话说，隔行如隔山，还有句俗话"头三脚难踢"！这两句俗话都说明我这个门外汉在进入广告行业后的艰难！

一次，我遇到一个特别难缠的客户，他是一家公司的老总。这个老总生意做得大，脾气也大！他以挑剔出名。我们公司给他看的策划书，一般都被他猛批一顿后，然后退回。惹烦了他，不但策划书被退回，与他直接接触的策划人员也得换。公司已经换了三个策划了，第四个安排的是我。我就不信这个邪，当这个老总否决我的策划后，我干脆把手提电脑带上，在他们公司的小会议室里按照他提出的意见修改策划书。那天，老总连续提出了六次修改建议，我在小会议室连续修改六次，中午饭都没有吃。当我把第六次修改完的策划稿呈送给老总看的时候，老总说道："我不看了，我们公司这个新产品发布的策划交给你做肯定错不了，你的敬业精神让我非常敬佩，也让我非常放心，我会给你们的老总打电话，希望这个策划书上的内容让你具体去负责，这样，我才能够放心……"

因为勤奋，因为敬业，我不但很快在陌生的广告行业里站住了脚，并且业绩也非常优异。

因为 IT 行业平均薪资比较高，后来偶然的机会，我从广告行业转行到了 IT 行业里，在一家 IT 行业公司的人力资源部里负责招聘技术人员。

虽然又是隔行如隔山，虽然又是站在一个陌生的行业面前，虽然我不认识任何一个技术人员。但是，我没有一丝的胆怯，我坚信只要勤奋，只要敬业，没有干不好的工作。

我在网上通过 QQ 搜索，申请加入了很多有关的技术人员的 QQ 群，然后我把群里的一些人员加入我自己的 QQ 好友里，通过这种方式，我很快收集了两千多名相关的技术人员，我的五个 QQ 上都加满了。后来我通过 QQ 与这些技术人员单独交流，很快筛选出刚离职或者准备从原单位离职的专业人才，这些专业人才才是我们需要的。这些专业技术人员又不断地给我介绍他们的同事或者同行业的朋友，我人才库的储存量越来越大，我给我们单位提供的相关专业技术人员越来越多。因为敬业，我很快成为我们公司优秀的 HR，因为敬业，我后来被提拔为公司人力资源部经理，同样因为敬业，我被老总提拔为现在的职务：公司副总，负责公司的人力资源、行政以及仓库的管理。行政工作和仓库管理以前虽然没有接触过，但是，同样是因为敬业，因为专心研究，后来，我把这两项以前没有接触过的分管工作也做得很好。

从一个普通作者到一家著名杂志社的编辑，再到业绩优异的广告人，再到 IT 行业的管理人员，每一次的角色转换我都没有紧张过，都没有胆怯过。因为我始终坚信，敬业才是职场中取胜的法宝，并且我始终坚信，敬业的人其实并不多。当你带着敬业精神走上职场之路的时候，你会觉得很平坦，你会觉得很宽阔，你会惊奇地发现，由于敬业的人不多，这条路上一点都不拥挤。你走在敬业的路上非常轻松，非常快乐。

## 第6节　贵人青睐慈悲心

赵冬是一个从四川老家漂来京城打工的普通青年，从十八岁职高毕业后就在京城一家广告公司做业务。每天穿着廉价的皮鞋奔波在高楼大厦中，迈入很不容易进的门槛，说着很多的好话，见过很多的冷脸，很多次地被人拒绝。干业务的他比谁都明白生活的艰辛。

赵冬工作的广告公司有个王牌业务员吴越，业务水平高，总是有本事拉到一些大单子，有能力的人一般脾气也牛哄哄的。吴越不把他们广告公司业务部的任何一个人放在眼里，他最喜欢说的话就是"我的名字吴越，内涵就是吴(无)人能超越的意思"。他这个业务牛人最终因为和业务部经理闹得水火不相容而被公司辞退。

那个星期六清晨，吴越准备从集体宿舍搬出来的时候，宿舍里没有人帮助他，大家都在蒙头装睡，就他一个人凄凉地收拾着东西。被单位辞退非常突然，吴越没有一点思想准备，多年的衣服、书籍，还有一些必要的生活用品，收拾起来，满满的两个大行李箱居然还没有装完，剩下的一大堆书没地方装，吴越是个书迷，这些书是他从各个大书店精挑细选的。因为收拾东西的时间过长，装睡的人没有耐心了，起床，沉默着出出进进地去卫生间洗漱，面对着同事的冷眼以及无法带走的一大堆书，吴越非常窘迫。赵冬看不下去了，心想：怎么着也是在一起共事几年的同事，一个个怎么都这么冷漠呢！于是，赵冬下床帮助吴越收拾东西。赵冬有个帆布大旅行包，里面放着春夏秋冬的各类衣服，他把旅行包腾出来，然后帮助吴越装书籍，吴越看到赵冬床上堆积的衣服，不好意思地说："你把包给我用，你自己怎么办？过几天我把包给你送来吧。"赵冬说："你现在住得挺远，来回不方便，就不用送了，一个旧包，又不值什么钱。"吴越拍了拍赵冬的肩膀，没有再说话。

收拾好东西后，赵冬帮着吴越拎着沉重的一旅行包书籍，把他送下楼，尽管赵冬累得满头大汗、气喘吁吁的，但还是坚持着把吴越送到马路边，直到把东西装进出租车后备箱。吴越说："我在单位混得这么臭，你为什么对我这么好啊！"赵冬笑着说："你挺好的，人的性格都不一样的，你就是外向型的性格，喜欢多说点话而已。出门在外，都不容易，应该互相照顾才对，再说，我也没帮上你什么忙。"吴越眼圈红红的，再次拍了下赵冬的肩膀，什么话都没说，转身钻进了出租车……

一转眼，六年过去了。一天，赵冬接了个电话，对方说是吴越，赵冬一下子没反应过来说："哪个吴越？"对方哈哈笑了起来："就是欠了你一个帆布旅行包的吴越啊！那个包我还保管着呢，老弟，明天我们见个面吧！"赵冬赶忙说："见面可以，那个包就不要了，又不是什么值钱的东西，我以前给你的时候就没指望要回来。"吴越电话里感叹道："还是以前那么实心眼，还是以前那么善良，这样吧，我明天去接你，请你吃饭，然后你再决定能不能到我公司里给我帮忙。"

见了面才知道，吴越从广告公司跳槽后，去了一家销售安全防护器械的美国企业做业务，三年后，辞职单干，自己代理了一个国外品牌的安全防护产品，现在已经比较有规模，员工发展到三十多人。

吃饭的时候，吴越说："赵冬，从我来北京，先后换了几个单位，也许是我性格上的原因，每次辞职，都是人走茶凉，都是一个人带着行李凄凉地离开，心里冷到了极点，但是那次从广告公司辞职，你却给了我温暖，更难得的是，面对一个卷铺盖走人的同事，你的帮助没有任何功利之心，你的帮助就是出于你内心的善良，这让我每次回想起来，都非常感动！"

赵冬不好意思地挠挠脑袋："你看你，举手之劳的一点小事情，让你分析得这么复杂！"吴越说："不是复杂，是你的真诚和善良感动了我，现在我想和你说的是，目前我公司业务量大了，我在郊区专门租了个大仓库，我想聘请你当公司的仓库主管，月薪九千，你做人不偷奸耍猾，我觉得仓库主管的岗位很适合你，你愿意来我这干吗？"赵冬的脑袋有些晕了，月薪九千，是现在每月收入的三倍，他不知道自己怎么运气一下子就这么好起来。

赵冬辞职后，到了吴越的公司工作。一些熟悉他的人都说他是运气好，在职场中遇到贵人了。

其实，生活中，这样的例子很多，现在你身边的普通人，也许会成为你以后的贵人，但是，要想得到贵人相助，你必须具备一个条件，那就是真诚、善良地对待你身边的每个人。只有这样，你才可能会得到贵人相助，因为贵人总是很欣赏真诚和善良，贵人总是青睐慈悲心。

135

## 第7节　别拿豆包不当干粮

路红和任倩是同一批进入公司行政部试用的，因为试用期间工作勤奋、业绩优秀，两人同时被公司转正。

两人工作能力都非常强，另外，她们在公司都注意和大家处理好关系，在公司的人缘都不错。

虽然两人的人缘都比较好，但是，这种"好"还是很有区别的。任倩走的是"上层路线"，对待公司里有职务的以及资历比较深的老员工，非常尊敬。然而，对于公司里清洁工、保安、司机，任倩一般都不怎么理睬。她觉得这些人在公司里位低言轻，对自己在职场上的发展根本没有什么作用，所以，就拿人家不重视。

在公司里，任倩对待清洁工、保安、司机都比较冷淡，走对面了，也懒得说话，有时候，对方主动和她打招呼，她要么装作没有听见，要么就不咸不淡地"嗯"一声，算是回应。时间长了，公司这些"位低"的人都不再"自讨没趣"了。

路红做人比较平和，对待公司里所有的员工都很热情，公司里的一个保安，因为远在老家的母亲生病，这个保安就时常寄些钱回家。有时候，为了凑个一千或者两千的整数往家寄，就找同事借钱，借得最多的是路红，因为路红很好说话，只要张嘴，从来没有拒绝过。

其实，这个保安每次向路红借的钱并不多，只是三五百元，但是，路红的热情让他和保安部的其他同事都很感动，觉得路红为人真诚不势利。

作为公司的行政人员，路红经常乘坐公司的小车出去办公事。有时候天气热，路红还从路边的便利店里买饮料给司机师傅喝，司机觉得一个女孩这么大方热情，真是难得，对路红的印象很好。

每次办完公事回到公司，路红都不忘向司机表示感谢。虽然只是一句客气话而已，但是，司机师傅找到了被人尊重的感觉，心里很高兴。

两年后，行政部主管被调到外地的分公司担任经理，行政部需要新提拔一个主管。上任主管向老总推荐的人选就是路红和任倩，两人资历相当，工作能力不相向下，都很勤奋敬业。老总难以取舍，询问一些中层干部和老员工，大家对她俩的评价都很好。老总有天在办公室继续艰难权衡的时候，觉得应该问问公司基层群众。于是，老总就到保安部和公司的司机班咨询，大家一致反映路红善良、真诚，而对于任倩，都说她做人滑头、势利。

调查后，老总心中的天平很快倾斜到路红这边，他当即决定让路红当行政部的主管。

看到路红一下子成了自己的顶头上司，任倩心中虽然不服气，但是，她却非常无奈，不知道自己究竟败在了哪个环节。

其实，任倩就失败在没有把公司的基层员工当回事，结果，失去了一部分重要的民心。这部分人心之所以重要，是因为这些人和她没有任何利益上的瓜葛，说出的话显得很公平、很客观，于是，在关键的时候能起到决定性的作用。

职场上，应该热情平等待人，千万别势利。把"豆包"当成"干粮"重视的人，才能在职场上有好的发展，才能在职场上升得高走得远。

## 第8节 没有人会忘记你的诺言

我自认为自己是个人品还算非常正的人，但是有一段，我很受熟悉人的冷遇。痛定思痛后，我才领悟出原来是因为我是个轻许诺言的人，有些诺言，虽然就是礼节的应酬，但是，依然伤害或者干扰了对方……

我老家有个同学，住在我们家附近。以前没有出来工作的时候，我们经常聚在一起聊天，友谊深厚。

前阶段，我从上海回家看望父母，在我家附近的马路上见了这个同学，我很热情地说："我刚回来，晚上我去你家坐坐啊，咱们好好聊聊。"同学面无表情地说："你挺忙的，不用去我家坐了。"我当时非常尴尬。回到家后，我扳着脑袋坐在沙发上仔细回想自己哪地方得罪我这个同学了？想来想去的，我恍然大悟，是因为去年我两次回家，都见到了这个同学，当时我非常热情地摇着人家的手说："你看我刚回来，我明天下午去你家坐坐！"但是，因为回家，要拜望的亲戚比较多，例如某某长辈前期生病了，我回来了，就理应前去探望。例如某某朋友结婚了，虽然我没有在家，但是，人情分子需要补的，这么一忙，就把去同学家的事情忘记了。想一想，人家也许晚上六七点钟就开始等，备上好烟、好茶等我前去，结果等来等去没有等到人，把人家等生气了。这是第一次，人家暂且不计较，但是，我居然还有二次许诺，也许人家又是热情地在家等待，结果我又失信了，人家不耐烦了。当我在马路上再一次地说去人家坐坐的时候，人家干脆拒绝，表达着对我失信的不满。

虽然我当初真的想去他家拜访，可是因为琐事太多，对自己说过的话很快忘记了，但是人家没有忘记我的诺言，并且这个许诺是我自己主动许的。

想明白后，我从超市买了礼物去看望我同学的父母，向我同学道歉："前两次因为太忙，没有及时过来拜望，非常抱歉。"同学见我意识到自己的错误，也非常大度地原谅了我。

同在上海上班，我和几个江苏老乡相处得不错，一些人在搬家的时候，

137

让过去帮个忙；有的人身体不好，让我陪他去医院看看；有的计划跳槽，但是，一直在犹豫，约我周末见见；还有的是因为情感受挫折，约我一起喝点酒。我这人热心肠，只要别人寻求帮助，我一般都答应。但是，到周末的时候，我就忘记了，这个时候，谁给我打电话，经过提醒，我才会想起我的承诺，于是我就执行我众多诺言中的一个，但是，就得罪了另外一些等待我主动前往的人。

有一段，我自嘲像个姿色平庸的女人却四处向人乱抛媚眼，真有些可笑了。人的精力是有限的，时间也是有限的，不要乱抛媚眼。

现在，我答应别人的事情，都是经过认真考虑过的，属于自己有能力、有精力去办的，并且会在自己的手机备忘录里记录下来，以提醒自己遵守并履行诺言。因为我知道，没有人会轻易忘记你的诺言。

## 第 9 节　别在梦想的路上打瞌睡

上个世纪的 1994 年 12 月的一天，我们家买蜂窝煤，给我们家送蜂窝煤的人是个中年汉子，这个中年汉子在我们当地很有名气，因为他曾经白手起家到百万家财，由于投资失误血本无归，又回到了当初两手空空的起点。

那天卸煤的时候，我家一个邻居过来和这个中年汉子聊天。让我非常佩服的是，这个中年汉子并没有落魄者的那种颓废，他依然精神抖擞谈笑风生。他一边往我家院子里的煤棚卸蜂窝煤，一边向我邻居谈论自己的计划："我先卖点苦力挣点钱，过几年，等手里攒点钱，我就租块地开个煤场，卖蜂窝煤、卖炭块、卖散煤……"

看着一个落魄的百万富翁依然这么斗志昂扬，我很受触动，就写了篇文章，大意是夸奖这个中年汉子落魄不落志，在理想的路上永不放弃。几天后，这篇文章在我们当地的晚报发表了。

第一次投稿的顺利激发了我写文章的热情，因为我还是个初一的学生，每天都得上课，晚上回到家，还有大量的家庭作业需要做，于是，每个周末不上课的时候，我都会勤奋地写稿子。很快，我的文章就在全国各杂志报纸发表了。1996年，一家全国公开发行中学生类型的杂志给我办了个人专栏。

　　后来，因为要参加中考，我在写作上花费的时间就少了很多，不知不觉地居然停笔了好多年。等到参加工作后，心血来潮的时候，我就写几篇，没有心劲的时候，就把大量的业余时间用在看电视、逛街、休闲上。说起来真是惭愧，有时候，我买一大袋瓜子，坐在沙发上嗑，一嗑就是两个多小时，一直把一袋瓜子嗑得底朝天才罢休。

　　一些杂志、报纸的编辑向我约稿，我却以上班忙没有时间写而推辞。

　　去年春节我回老家过年，看到当地的一些企业家在电视里给市民拜年，当然，顺便也给自己的企业做广告。让我吃惊的是：第一个在电视上给大家拜年的居然是十几年前给我家送蜂窝煤的那个汉子，他现在已经是我们当地一家能源公司的董事长，是我们本市最大的民营企业的老板。我们当地几家大工厂的工业用煤，就是他长期提供的，同时，他在本地民用液化气销售上，也占据了很大的市场份额！

　　这个当年在梦想的路上永不放弃的汉子已经再次成功！

　　我冷静地回想下自己这么多年走的路，越想越惭愧。当初，自己的梦想是当作家，中学的时候，也曾经在写作上取得过一定的成绩，但是，其后的多年，我却一直在梦想的路上打瞌睡，现在清醒了，回头看看，才惊觉自己浑浑噩噩的，才在梦想的路上走了可怜的几步。

　　从去年上半年起，我开始认真地写文章了。因为上班比较忙，上下班的路上，我就想题材，想好后，记在笔记本上，回到家后，吃完饭，匆匆地写出个大概，然后睡觉。周末的时候，再仔细地修改和打磨。以前说没有时间，其实，是给自己的懒惰找借口！时间总是可以挤出来的。

　　从去年上半年到现在，我在报刊上发表了二百多篇文章，很多被《读者》、《青年文摘》以及《特别关注》等著名文摘选用。

　　如果这十多年来，我一直这么坚持，那么在理想的路上，我现在不知已经走了多远。

　　每当我倦怠的时候，我就以当年那个拉煤的汉子鼓励自己，鼓励自己要清醒，不要再在梦想的路上打瞌睡。

## 第10节　识人观其友

　　我在深圳工作的第一年，人生地不熟的，不仅要面对不高的工资，而且还必须节俭生活成本。于是我和本城的两个熟悉的网友合租了一个三居室，每人一个卧室，客厅、厨卫公用。他们俩都比我大一岁，一个简称阿龙，一个简称阿文，他们已经比我多工作了一年。

　　我和这两人当初是在当地的某一论坛认识的，后来加了 QQ 好友在网上聊的时间多了一些而已，只是网上"熟悉"，生活中还没有怎么接触过。

　　刚搬家的时候，由于大家现实生活中接触很少，于是相处的时候都是很礼貌很小心，都希望给另外的两人留下好印象。当时，我觉得这两个"同居"室友都是很有涵养的人。

　　接下来的那个周末，一天，有几个人敲门，大呼小叫的："阿龙在家吗？"阿龙急忙忙地从他屋子里跑出来，开了门，把几个打扮怪异的人引进了他的卧室。进来的一共四个人，有两个把衬衫搭在肩膀上，裸露的上半身显露出大面积的文身。另外有个光头进屋子后一直没有摘墨镜，看人就从墨镜里看，弄得神神叨叨的。第四个是染着一头的黄毛，进来的时候，耳朵里插着 MP4，边横着走边摇头晃脑地唱着歌。这几个人被阿龙领进房间后，阿龙关上了他房间的门，我和阿文面面相觑，我们不敢相信平时看着文质彬彬的阿龙居然有这么几个打扮和举止都很怪异的不靠谱朋友。

　　那天上午，这几个人在阿龙屋子里玩麻将，听他们叫嚷中，我知道他们几个人在赌博，并且赌注还不小。虽然大呼小叫的都是阿龙的朋友，阿龙没有吭声，也许只是在一边观看牌局，但是，能有这么几个不着调的朋友，我就知道阿龙不是我们平时看得那么简单。从此我开始刻意地疏远他，就是希望自己不和他们搅和在一起，有几次他要请我和他的朋友们一起喝酒，我都以要在家中加班赶工作进度为由委婉地拒绝了。

　　慢慢的，阿文也开始有朋友造访，阿文的朋友都是衣着整齐，举止稳重，每次见了我就会礼貌地打招呼 。通过阿文朋友们的聊天中，我知道他们都是 IT 行业的。阿文大学里学的是电子计算机，毕业后因为就业困难，于是就饥不择食地进入了一家小网站做网络编辑。

阿文的朋友一来，那真是三句话不离本行，聊的都是编程的一些话题。

由于阿龙的朋友经常过来赌博吵闹，弄得我和阿文休息不好，后来，我们借口离工作单位远，先后搬了出去。据说，我和阿文搬出去后，阿龙的那几个朋友很快搬了进来，与阿龙合租了那套三居室。

从阿文的朋友素质中，我相信阿文也是个有素质的人，此后和他大胆深交，成了非常好的朋友。我从阿文的朋友身上，果然没有看错阿文，后来的深交中，我知道阿文是个正直、勤奋、有义气的人，他在朋友的介绍下，进入一家大型 IT 公司工作，现在是那家公司的项目经理，已经买房娶妻生子，目前过着稳定幸福的生活。回头再说一下阿龙。有天早晨我上网浏览新闻的时候，看到几幅人物图片，一个落网盗窃集团团伙的成员感觉有些熟悉，仔细一看，原来是阿龙以及他的那几个朋友。他们居然是一个盗车团伙，专门偷盗停车场的那些轿车后备箱里的财物！

141

我暗自叹息：虽然阿龙平时装得很是"好人"的样子，但是从他的那些朋友身上，我就悟到阿龙也不是什么省油的灯！

现实生活中，如果你想辨识刚认识的人品质如何，你只需看到他身边的朋友即可！物以类聚，人以群分，共同"爱好"，共同"理想"的人才能走到一起。辨识一个刚认识的人，从他身边的朋友入"眼"，他朋友的素质基本上就是他的素质！面对有城府会伪装的人，从他的朋友来认识他，也算是个分辨人的捷径。

## 第 11 节 对自己也要诚信

我表弟大学读的只是省内的一个普通本科，毕业后的两年，工作上磕磕绊绊的总是不太如意，后来，跳槽进入一家生产和销售数码产品的大型外企当仓库保管员。当了一年的仓库保管员后，他居然通过内部换岗进入研发部工作，他们公司是研究数码产品的，除了表弟是个普通本科生外，其他的人都是研究生、博士生，表弟在里面简直是"鸡立鹤群"，让人想不到的是，又过了三年，他们部门经理跳槽离开后，老总居然提拔我表弟当这个部门经理，工资也随之从一万余元涨到了两万三千元。

如果仅从学历上看，很多人对我表弟取得的职场升迁成绩肯定不服气，觉得是我表弟运气好，老板看走了眼让我表弟占了很大便宜。

这些年，我是亲眼见到表弟在职场上是怎么一步步走过来的。表弟之所以在职场上发展得这么好，关键是他很讲究"诚信"，不但是对别人讲究诚信，对自己也讲究诚信！对自己诚信，主要是自己要对自己许下的诺言负责执行到底！

大学毕业刚工作的时候，表弟和一个同事合租房子。这个同事喜欢打电脑游戏，受其影响，表弟也喜欢上了电脑游戏。表弟的合租同事是游戏高手，经常向表弟传授打游戏的技巧，表弟进步很快。

142

一天下午下班的时候，坐在公交车上的表弟想心事，觉得白天在一个小公司里上班，每月挣着微薄的薪水，晚上在租住的小房间里打游戏混日子，这样，前程一路黯淡下去，怎么能有美好的未来？不能这样下去了，以后业余时间一定干些正事给自己充充电。表弟给自己定下了充电学习的计划。

当天晚上，表弟的那个游戏高手同事再邀请表弟一起打游戏时，表弟拒绝了，他开始学习数码产品的相关知识。后来省吃俭用地买来数码相机、数码摄像机等产品研究，拆开、组装等。越研究对产品的原理越熟悉，后来，他一些同事的数码产品坏了就直接找我表弟修，因为表弟修理得又快又好，如果送到特约维修站修理，总是很花费时间。

对数码产品熟悉后，表弟就想找个相关的公司上班，这样，既可以收入高一些，又能让自己在这方面有所长进。

于是，表弟跳槽进了一家著名的数码产品公司当仓库保管员。当仓库保管员不是他的目的，他只是想先进入这家公司，等到适合的机会再在内部转岗，他的目标是进入这家大公司的研发部工作。

表弟最初当仓库管理员的时候，仓库主任是个很喜欢热闹的人，经常下班后带领大家去酒店吃饭，然后去 K 歌，费用 AA 制。仓库保管员几乎都是未婚，没有家庭，于是，大家都热衷下午下班后出去吃吃喝喝、唱唱笑笑的。开始的时候，表弟也很陶醉这种轻松快乐的夜生活。过了半个月后，表弟有天清醒过来，自己在心里问自己：自己当初跳槽来这当仓库保管员是为了什么？不是为了能先进入这家大公司，然后再争取内部转岗进入研发部吗？如果这么个酒醉歌迷地进行下去，肯定会"娱乐丧志"！表弟当即下决心：从今天晚上开始，下班后必须回家，然后在家学习，在家做研究，绝对不能再这样酒醉歌迷地混下去了。当天下午下班后，大家见表弟要回家，都劝他一起出去吃饭，然后像往常一样去 K 歌，表弟谢绝了大家的邀请，毅然自己回家去了……

表弟工作之余，开始研究他们公司的一款产品的升级换代。研究出成果后，直接汇报给老总，老总按照我表弟的研究申请专利后，然后生产了一部分样机进入市场试销，没有想到，居然卖得很火，很快断货，销售商们紧急来电，要求公司继续发货。老总大喜，立刻组织人员大量生产，这款升级后的产品给公司带来很大的经济效益。

立下汗马功劳的表弟很受老总的青睐，老总觉得这自学成材的小伙子真的很不错，很勤奋、聪颖。当表弟提出希望进入研发部工作的时候，老总不但爽快答应而且还提拔表弟为研发部副经理。

后来，当研发部经理跳槽后，表弟就升任为空缺的职位，成为了研发部的一把手。

无志人常常立志，但是，自己和自己不讲究诚信，自己违背了自己的立志，违背了自己的诺言，一辈子碌碌无为；有志人立长志，只要立下志向就要讲究诚信对自己负责，一辈子总会有些成就。

表弟的成功故事值得包括我在内的很多人深思和学习。

## 第 12 节　去陌生的场合清醒自己

李光是我的大学同学，大学毕业后他没有回老家就业，进入省城一家物流公司担任管理人员。

李光的父母觉得儿子既然在省城工作，以后在省城长期生活和居住的可能性非常大，既然这样，不如给他买套房子，反正以后结婚成家也需要房子。于是，身为普通工薪族的李光父母把大半辈子的积蓄掏个底朝天，再加上用居住的房子抵押贷款，然后全款给李光在省城买了套房子。李光父母之所以付了全款，是不想让刚毕业不久的李光背上月供的负担。

李光的父母真是太相信儿子了，他们居然大胆地把新房的房产证留给了儿子。房子刚买了一年，李光就背着父母偷偷地把房子卖掉了，卖掉的钱用来加盟了一家快递公司，他开了家分公司。李光把房子卖了后，他怕被父母知道后挨他们的臭骂，当父母要来省城看望他时，他总是用出差在外等理由搪塞父母，阻止父母来省城。逢年过节的时候，他担心父母来省城和他一起过年过节的，他总是准时或者提前回到老家陪父母！

随着网购的蓬勃发展，快递公司的生意越来越火爆，仅仅两年，李光就收回了投资。这个时候，房价有了一定的上涨，李光把收回的投资作为六成的首付，买了套房子，面积比当初父母给买的房子还要大些。

这个时候，李光才把父母接到省城的新房里，告诉了他们这两年的情况。李光父母听后大吃一惊之后又大喜过望：房子比以前的那套还要大些，而且儿子竟挣了一家公司，儿子真是能干啊。

李光的精明能干在我们这些同学中传开了，并且我们班还有两位同学给李光打工跟着他混。现在，李光的父母回去一宣传，他的亲戚、老家的朋友、老邻居等都知道李光"很厉害"、"混得非常好"。

又过了一年，李光不但提前还完了银行的房贷，并且又给自己的快递分公司添置了两台大面包车作营业用车，也就是说，李光的生意规模又扩大了。

大学毕业才三年，刚满二十五岁，取得这样的成绩也算是年轻有为了。李光在熟悉的人面前，听到的是赞扬，看到的是近似于讨好的笑脸，李光不禁有些洋洋得意了，心态开始浮躁起来，后来，居然开始沉迷于赌场。

短短四个月，李光输了十七万元，公司运转开始出现了困难，他真是悔恨极了，一个劲地反省自己为什么浮躁，为什么心智下降？反省的结果是周围的人都把他当成功人士捧着，他的脑子开始发热，失去了原来的清醒了。

一天，他苦恼地一个人在一条长胡同里散步，不小心碰掉了路边摊位上的苹果，几个苹果叽里咕噜地滚落在地，这些滚落在地的苹果都有了不同程度的摔伤。摊主急了，怒斥道："你这么大个人了不长眼啊？这么宽的路非往我摊位上蹭？看把我苹果摔的！不行，你得赔！"好久没有人用这种口气和自己说话了，李光愣了一下，立刻说道："我赔你！我赔你！"然后掏钱赔偿。

离开水果摊贩后，李光心里暗暗高兴，因为他找到了一个让自己清醒的办法，那就是当自己心态浮躁的时候，就应该去陌生的地方清醒自己。因为陌生，别人不知道你所谓的"光环"，人家才不对你刮目相看，才不会赞誉有加的，人家给予的最多是目光的"平视"和言谈的"淡如水"。而"平视"和"淡如水"对于取得一些小成就的人来说，就是最好的"清醒剂"。

145

## 第13节　减去人生杂质

1975年，他从部队退伍后，来到北京汽车制造厂上班，在组装车间当工人。流水线上每6分钟过一辆吉普车，他负责给每辆吉普车相同的部位装相同的零件，工作很简单很枯燥乏味，并且非常累，有时候要连续工作12个小时才能下班。作为当时的文学青年，尽管工作特别劳累，他依然坚持着自己的文学梦想，他常常下班回家后写作到深夜。

因为白天工作超负荷，晚上又拼命熬夜写作，他的睡眠严重不足。他上班骑着自行车居然就能睡着了，经常是自行车的车圈蹭马路牙子的响声才把他惊醒。

汗水浇灌出收获！1977年7月，他的处女作在《北京文学》刊发。那个时候，《北京文学》经常从北京一些基层单位挑文学爱好者调到杂志社帮忙，每一期3个月，他被挑中了。因为工作勤奋，杂志社领导很赏识他，同事们也很喜欢他。于是，他从北京汽车制造厂调到了《北京文学》杂志社做编辑。再后来，因为获得了几次全国文学大奖，他做了专业作家。

他写小说的时候，常常离家出走，租用或者借用朋友闲置的房子躲在外面秘密地、安静地写，一般"潜伏"一个半月左右。他习惯这样的周期，因为如果时间再长，经常陪伴他伏案写作的颈椎会受不了！所以，一定要在这样一个"潜伏周期"里把写作任务完成。他把自己"关禁闭"写作的时候，报纸、电视、电话统统没有，简直是与世隔绝的状态，他每天晚上走很远的路在公用电话里和妻子聊几句。吃饭非常凑合，不是煮面条就是煮速冻饺子。为了不耽搁小说进度，他常常不吃午饭……

他说人生就是做减法：不停地剪掉生活中的杂质和干扰，把注意力集中在最重要的事儿上。

他说到做到，他经常反省自己，自制力非常强。他如果发现自己的某项爱好影响了写作这个人生最重要的事情，他就会毫不犹豫地把这个"杂质"，把这个"干扰"戒掉。

二十多年前，有一段时间，他喜欢上了搓麻将。搓麻很费时间自然影响写作，不久，他就金盆洗手，戒了；还有阵子，他迷上了钓鱼，常常和文友们去北京郊区垂钓。有一次他钓到三条大鲤鱼，还有一次创造了钓六十多斤鱼的辉煌纪录，但他感觉这钓鱼瘾对于写作来说也是"杂质"和"干扰"，占用了很多写作的时间和精力。很快，他把这钓鱼瘾也戒了。他曾经抽烟，后来感觉手指夹着个香烟，还得不时地弹烟灰，影响自己专心写作，于是，烟瘾也戒了……

从年轻时候写作到现在，这三十多年，他一直保持着一支笔一沓稿纸的"原始"写作风格。他一个字一个字往格子里码。他用的是上世纪五六十年代的那种蘸水笔，蘸一下，写几个字。

由于长期使用蘸水钢笔，他的中指与食指之间已经被磨出了厚厚的茧子。由于使用不方便而滞销，现在蘸水笔已经停产了。于是，他的战友只要在哪个小地方的小杂货店里发现被冷落一旁的蘸水钢笔，一定会全部买下送给他，而他都会当成宝贝珍藏起来备用。

对于为什么不用电脑而依然用蘸水笔写作？他很认真地解释说："用蘸水笔写在纸上，有'刻'的感觉，用钢笔写就开始唠叨，用圆珠笔经常是废话连篇，虽然也置办过电脑，但一旦用电脑写作，字里行间就会有'软件'的味道。"

为了让自己的作品精练"不唠叨"，在电脑写作非常普及的今天，他依然坚持着用蘸水笔在稿纸的方格里"刻"作品。

他拒绝用电脑就是想让自己的文字精练再精练，因为电脑的快速打字会影响他的思考，会给他的小说带来"杂质"和"干扰"。

在具体写作中，他毫不犹豫地也使用了"减法"，减去了电脑写作这在很多人眼中的"利器"。

因为他一直在做人生的减法，一直在去除不利于写作的"杂质"和"干扰"，所以，默默地、勤奋地写作的他一直非常低调，他的姓名远远没有他的作品出名，他的名气与他的才气是严重的不符合。他原著并且亲自改编的著名电影电视剧有《贫嘴张大民的幸福生活》、《菊豆》、《本命年》等。他写的著名影视剧本有《集结号》、《大红灯笼高高挂》、《秋菊打官司》、《少年天子》、《金陵十三钗》等。另外，他还做过热播电视连续剧《少年天子》的总导演。

147

他就是中国作家协会副主席、北京作协主席、一级作家刘恒。

一个当年的汽车厂工人成长为中国作家协会副主席，成为一级作家和金牌编剧，就是因为刘恒在持之以恒的几十年勤奋写作过程中，一直在做着人生的减法，一直在减除人生的杂质和干扰，他一直把自己的时间和主要精力用在最重要的事情上，一直用在写作上，所以才取得了如今辉煌的成就。

大师刘恒的"减法人生"，减去了人生的很多杂质，获得了文学创作上的巨大成就，大大提升了个人的人生质量。刘恒这种"去除人生杂质"的认真生活态度，非常值得每个浮躁的人反省、借鉴和学习。

## 图书在版编目（CIP）数据

职场达人就是这样炼成的. 职场心态篇 / 宁国涛著.
—西安：西安电子科技大学出版社，2015.4
ISBN 978-7-5606-3559-0

Ⅰ.① 职…　Ⅱ.① 宁…　Ⅲ.① 成功心理—通俗读物　Ⅳ.① B848.4-49

中国版本图书馆 CIP 数据核字(2015)第 006883 号

策　　划　刘玉芳
责任编辑　阎　彬　韩春荣
出版发行　西安电子科技大学出版社(西安市太白南路 2 号)
电　　话　(029)88242885　88201467　邮　编　710071
网　　址　www.xduph.com　　　　电子邮箱　xdupfxb001@163.com
经　　销　新华书店
印刷单位　陕西华沐印刷科技有限责任公司
版　　次　2015 年 4 月第 1 版　　2015 年 4 月第 1 次印刷
开　　本　710 毫米×1000 毫米　1/16　印　张　9.75
字　　数　132 千字
印　　数　1～1000 册
定　　价　25.00 元
ISBN 978-7-5606-3559-0/B

XDUP 3851001-1

***如有印装问题可调换***